"十二五"职业教育国家规划教材
经全国职业教育教材审定委员会审定

职 业 教 育 "十 三 五"
数字媒体应用人才培养规划教材

Photoshop

CS6

图像处理

立体化教程

微课版｜第2版

兰和平 孙海婴 / 主编

U0233732

PHOTOSHOP

人 民 邮 电 出 版 社
北　京

图书在版编目（CIP）数据

Photoshop CS6图像处理立体化教程：微课版 / 兰
和平, 孙海婴主编. -- 2版. -- 北京：人民邮电出版社,
2021.7（2024.6重印）
职业教育"十三五"数字媒体应用人才培养规划教材
ISBN 978-7-115-54546-6

Ⅰ. ①P… Ⅱ. ①兰… ②孙… Ⅲ. ①图象处理软件－
职业教育－教材 Ⅳ. ①TP391.413

中国版本图书馆CIP数据核字(2020)第139330号

内 容 提 要

本书采用项目教学法介绍使用Photoshop CS6进行图像处理的相关知识。全书共13个项目，前12个项目对认识Photoshop CS6、使用选区、绘制和编辑图像、使用图层、图层的高级操作、使用文字、通道与蒙版、使用滤镜、矢量工具和路径、调整图像颜色、使用3D、使用动作与输出等基础知识进行了讲解；最后一个项目安排了综合案例，进一步提高学生对Photoshop CS6软件的应用能力。

本书中的每个项目分解为若干个任务，每个任务主要由任务目标、相关知识和任务实施3个部分组成，然后进行强化实训。每个项目最后还以问答的形式总结了常见疑难解析，并安排了相应的练习和实践。本书着重对学生实际应用能力进行培养，将职业场景引入课堂教学，让学生提前进入工作角色，达到学习的目的。

本书可以作为职业院校"计算机图像处理"课程的教材，也可以作为教育培训机构的教学用书，还可供计算机图像处理初学者参考学习。

◆ 主　　编　兰和平　孙海婴
　责任编辑　马小霞
　责任印制　王　郁　彭志环

◆ 人民邮电出版社出版发行　　北京市丰台区成寿寺路11号
　邮编　100164　电子邮件　315@ptpress.com.cn
　网址　https://www.ptpress.com.cn
　固安县铭成印刷有限公司印刷

◆ 开本：787×1092　1/16
　印张：14.5　　　　　　　　　2021 年 7 月第 2 版
　字数：370 千字　　　　　　　2024 年 6 月河北第 7 次印刷

定价：49.80 元

前　言　　　　　　　　　　　　　PREFACE

　　党的二十大报告指出"教育、科技、人才是全面建设社会主义现代化国家的基础性、战略性支撑。"我们认真总结了以往的教材编写经验，用了 3 年的时间深入调研各地、各类职业教育学校的教材需求，组织了一批优秀的、具有丰富教学经验和实践经验的作者团队编写了本套教材。本书已被评为"十二五"职业教育国家规划教材。为了更好地服务于广大师生，我们根据一线教师的建议，在第 1 版教材的基础上进行了修订，更换了部分过时的实例效果，对原来的内容进行了优化和调整，还新增了扫码查看微课视频的功能。

　　同时，本着"工学结合"的原则，我们在教学方法、教学内容和教学资源 3 个方面体现出了本书的特色。

教学方法

　　本书精心设计"情景导入→任务讲解→上机实训→常见疑难解析与拓展知识→课后练习"5 段教学法，将职业场景引入课堂教学，激发学生的学习兴趣；然后在任务的驱动下，实现"做中学，做中教"的教学理念；最后有针对性地解答常见问题，并通过课后练习全方位地帮助学生提升专业技能。

- **情景导入**：以情景对话方式引入项目主题，介绍相关知识点在实际工作中的应用及其与前后知识点之间的联系，让学生了解学习这些知识点的必要性和重要性。

- **任务讲解**：以实践为主，强调"应用"。每个任务先指出要做什么样的实例，制作的思路是怎样的，需要用到哪些知识点，然后讲解完成该实例必备的基础知识，最后以详细步骤讲解任务的实施过程。讲解过程穿插"知识提示""多学一招"和"职业素养"3 个小栏目。

- **上机实训**：结合任务讲解的内容和实际工作需要给出操作要求，提供适当的操作思路及步骤提示供参考，要求学生独立完成操作，充分训练学生的动手能力。

- **常见疑难解析与拓展知识**：精选出学生在实际操作和学习

中经常遇到的问题并答疑解惑，通过拓展知识板块，学生可以深入、全面地了解一些高级应用知识。

● **课后练习**：结合项目内容给出难度适中的上机操作题，通过练习，学生可以达到强化巩固所学知识，温故而知新的目的。

教学内容

本书的教学目标是帮助学生掌握使用 Photoshop CS6 处理图像的相关知识，具体教学内容如下。

● **项目一**：主要讲解 Photoshop CS6 的基础知识，包括 Photoshop CS6 的工作界面、文件的基本操作、标尺、辅助线、导航器等。

● **项目二、项目三**：主要讲解 Photoshop CS6 中选区的使用，以及图像的绘制和编辑等知识。

● **项目四～项目六**：主要讲解图层的一般操作和高级操作，以及输入文字和设置字符格式等知识。

● **项目七～项目十**：主要讲解通道、蒙版、滤镜、矢量工具和路径的使用，以及图像颜色和色调的调整等知识。

● **项目十一、项目十二**：主要讲解使用 3D 功能制作 3D 文字、为 3D 对象赋予纹理贴图，以及动作的使用和文件的打印输出等知识。

● **项目十三**：以包装设计为例，进行综合练习，同时巩固前面所学的知识。

平台支撑

"微课云课堂"（www.ryweike.com）目前包含近 50 000 个微课视频，在资源展现上分为"微课云""云课堂"两种形式。"微课云课堂"的主要特点如下。

微课资源海量，持续不断更新。"微课云课堂"充分利用了出版社在信息技术领域的优势，以人民邮电出版社 60 多年的发展积累为基础，将经过分类、整理、加工及微课化之后的资源提供给用户。

资源精心分类，方便自主学习。"微课云课堂"相当于一个庞大的微课视频资源库，按照门类进行一级和二级分类。

读者可以扫描封面上的二维码或者直接登录"微课云课堂"（www.ryweike.com）→用手机号码注册→在用户中心输入本书激活码（317d5655），将本书包含的微课资源添加到个人账户，获取永久在线观看本课程微课视频的权限。

教学资源

本书的教学资源包括以下两方面的内容。

（1）教学资源包

本书教学资源包包含书中实例涉及的素材与效果文件、各任务实施和上机实训的操作演示视频，以及 PPT 课件、教学教案（备课教案、Word 文档）和模拟试题库等内容。其中，模拟试题库含有丰富的 Photoshop CS6 图像处理的相关试题，题型包括填空题、单项选择题、多项选择题、判断题和操作题等，教师可以自由组合出不同的试卷对学生进行测试，以便顺利开展教学工作。

（2）教学扩展包

教学扩展包包含各种设计素材等方便教学的拓展资源。

特别提醒：上述教学资源可在人邮教育社区（https://www.ryjiaoyu.com/）搜索下载，或者发电子邮件至 dxbook@qq.com 索取。

编　者

2023 年 5 月

目 录

CONTENTS

01 项目一
认识 Photoshop CS6

情景导入

米拉想用 Photoshop CS6 处理图像，但她不太熟悉软件，于是便请教老洪，老洪告诉米拉要先掌握 Photoshop CS6 的基本操作，同时在学习过程中还要勤加练习，积累经验，这样才能制作出富有创意的图像作品。于是，米拉在老洪的帮助下，开始了 Photoshop CS6 的学习之旅。

学习目标

✔ **掌握为图像添加水印的方法。**

如新建图像文件并输入文字、打开并旋转图像、调整显示比例并移动图像、查看并保存图像等。

✔ **掌握自定义"汽水"文件工作区的方法。**

如自定义工作区、自定义工具快捷键、使用标尺、使用参考线和网格、为图像添加注释等。

案例展示

▲为图像添加水印

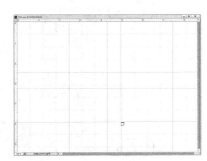

▲自定义"汽水"文件工作区

任务一　为图像添加水印

Photoshop CS6 作为一款强大的图像处理软件，在使用前需要了解它的相关知识，这样，在处理图像时才能得心应手。下面首先认识Photoshop CS6 的工作界面，掌握打开、关闭、新建和退出等基本操作。

图 1-1　为图像添加水印

【任务目标】

通过为"家具"图像添加水印来掌握启动和退出 Photoshop CS6、新建和打开图像文件、查看和移动图像等基本操作。本任务制作完成后的最终效果如图 1-1 所示。

素材所在位置　素材文件 \ 项目一 \ 任务一 \ 家具 .jpg
效果所在位置　效果文件 \ 项目一 \ 任务一 \ 为图像添加
水印 .psd

高清彩图

【相关知识】

Photoshop CS6 是一款优秀的图像处理软件，其应用十分广泛，包括图像编辑、图像合成、图像颜色调整及特效制作等。在使用 Photoshop CS6 编辑图像之前，需要认识其工作界面，并掌握一些基本操作。

（一）认识工作界面

启动 Photoshop CS6 后，即可看到如图 1-2 所示的工作界面。Photoshop CS6 的工作界面主要由标题栏、菜单栏、工具箱、工具属性栏、图像窗口、浮动面板、状态栏等部分组成，下面分别进行介绍。

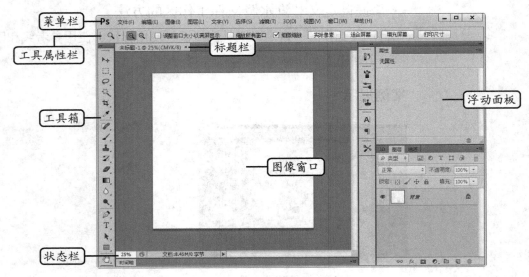

图 1-2　Photoshop CS6 工作界面

1. 标题栏

图像窗口的上方是标题栏，标题栏可以显示当前文件的名称、格式、显示比例、色彩模式、所属通道和图层状态。如果该文件未存储过，则标题栏以"未命名"并加上连续的数字作为文件的名称。

2. 菜单栏

菜单栏由"文件""编辑""图像""图层""文字""选择""滤镜""3D""视图""窗口"和"帮助"11 个菜单项组成，每个菜单项下内置了多个菜单命令。当菜单命令右下侧标有▶符号时，表示该菜单命令下还有子菜单，图 1-3 所示为"图像"菜单。

3. 工具箱

工具箱集合了在图像处理过程中使用最频繁的工具，使用它们可以绘制图像、修饰图像、创建选区和调整图像显示比例等。工具箱默认位于工作界面左侧，将鼠标指针移动到工具箱顶部，可将其拖动到界面其他位置。

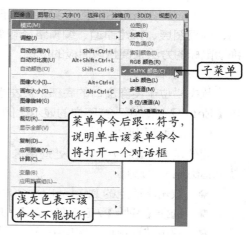

图 1-3 "图像"菜单

单击工具箱顶部的 ◄◄ 按钮，可以将工具箱中的工具组紧凑排列。单击该工具箱中对应的工具组图标按钮，即可选择该工具。工具按钮右下角有黑色小三角形的，表示该工具位于一个工作组中，其下还有隐藏的工具，在该工具按钮上按住鼠标左键不放或单击鼠标右键，可显示该工具组中隐藏的工具，如图 1-4 所示。

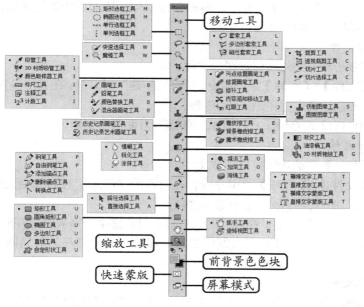

图 1-4 工具箱

4. 工具属性栏

在工具箱中选择工具后，工具属性栏显示当前工具的属性和参数，设置这些参数可以调整工具的属性。

5. 图像窗口

图像窗口相当于 Photoshop CS6 的工作区，用户可以在该窗口中自由添加或处理图像，所有的图像处理操作都是在图像窗口中进行的。

6. 浮动面板

在 Photoshop CS6 中，浮动面板是工作界面中非常重要的组成部分，用于进行选择颜色、编辑图层、新建通道、编辑路径和撤销编辑等操作。在 Photoshop CS6 中，可以通过拖动鼠标的方法来调整该面板的位置。

7. 状态栏

状态栏位于图像窗口的底部，最左端显示当前图像窗口的显示比例，在其中输入数值并按【Enter】键，可改变图像的显示比例，状态栏中间部分显示的为当前图像文件的大小。

（二）启动和退出软件

要使用 Photoshop CS6 处理图像，必须先启动该软件。使用以下任意一种方法都可启动 Photoshop CS6。

- 双击桌面上的 Photoshop CS6 快捷方式图标 。
- 选择【开始】/【所有程序】/【Adobe Photoshop CS6】菜单命令。
- 双击"计算机"窗口中已经存盘的任意一个后缀名为 .psd 的文件。

退出 Photoshop CS6 主要有以下 3 种方法。

- 单击 Photoshop CS6 工作界面菜单栏右侧的"关闭"按钮 。
- 选择【文件】/【退出】菜单命令。
- 按【Alt+F4】组合键，或按【Ctrl+Q】组合键。

（三）新建、打开和关闭图像文件

在 Photoshop CS6 中，可以打开已有的图像文件，再对图像进行编辑，也可以在其中新建图像文件，然后对图像文件进行编辑。

1. 新建图像文件

使用以下任意一种方法均可新建图像文件。

- 选择【文件】/【新建】菜单命令，打开"新建"对话框，在其中设置图像文件参数，然后单击 确定 按钮即可创建。
- 按【Ctrl+N】组合键，在打开的"新建"对话框中创建。

2. 打开图像文件

使用以下任意一种方法均可打开图像文件。

- 选择【文件】/【打开】菜单命令，在打开的"打开"对话框中选择需要打开的图像文件，单击 打开(O) 按钮即可打开。
- 按【Ctrl+O】组合键，在打开的"打开"对话框中选择需要打开的文件。
- 在图像窗口的空白部分双击鼠标左键，在打开的"打开"对话框中选择图像文件打开。

3. 置入图像文件

在 Photoshop CS6 中，可通过置入的方式，在已打开的图像文件中显示其他图像文件，方法为选择【文件】/【置入】菜单命令，在打开的"置入"对话框中，选择需要置入的图像文件，然后单击 置入(P) 按钮即可。

4. 存储和关闭图像文件

存储和关闭图像文件的方法分别如下。

- 选择【文件】/【存储】菜单命令，或按【Ctrl+S】组合键，在打开的"存储为"对话框中选择文件存储位置，单击 保存(S) 按钮进行存储。若要将已经保存的图像文件，或从指定位置打开的图像文件保存到其他位置，可选择【文件】/【存储为】菜单命令，或按【Shift+Ctrl+S】组合键，打开"存储为"对话框，在其中设置参数进行存储。
- 单击图像窗口上方的"关闭"按钮 x 。

养成随时存储文件的习惯

　　在编辑图像文件时，最好养成经常存储的好习惯，这样在软件出错或图像文件受到损坏时，还可以及时调用另外存储的图像文件，以免重复工作，从而节省制作时间。

（四）导航器面板

　　使用"导航器"面板可快速查看和更改图像的视图。当图像被放大时，"导航器"中红色框（即代理视图框）内的部分即为图像窗口中的当前可查看区域。选择【窗口】/【导航器】菜单命令，即可打开"导航器"面板，如图 1-5 所示。

图 1-5　"导航器"面板

　　在"导航器"面板中可执行以下几种操作。

- **缩放**：要更改显示比例，可在左下角的文本框中输入一个值，或单击"缩小"按钮 ▲ 或"放大"按钮 ▲ ，或拖动缩放滑块 △ 。
- **移动**：要移动图像的视图，可拖动图像缩览图中的红色框显示区域，也可以直接单击图像缩览图中的位置来指定可查看区域。
- **设置代理视图框颜色**：要更改缩览图中红色框的颜色，可单击"导航器"面板右上方的 ▤ 按钮，在打开的下拉列表中选择"面板选项"选项，在打开的"面板选项"对话框的"颜色"下拉列表中选择一种预设颜色，或单击颜色框，在打开的"拾色器"对话框中自定义颜色。

【任务实施】

（一）新建图像文件并输入文字

　　要绘制一个新的图像，可以从创建新的图像文件开始，具体操作如下。

（1）在桌面上双击 Photoshop CS6 快捷方式图标 ，启动软件。

（2）选择【文件】/【新建】菜单命令，打开"新建"对话框。在"名称"文本框中输入"水印"，宽度为"10 厘米"，高度为"5 厘米"，分辨率为"150 像素 / 英寸"，颜色模式为"RGB 颜色，8 位"，背景内容为"透明"，单击 确定 按钮，如图 1-6 所示。

（3）在工具箱中单击"横排文字工具" T ，如图 1-7 所示。

微课视频

新建图像文件并输入文字

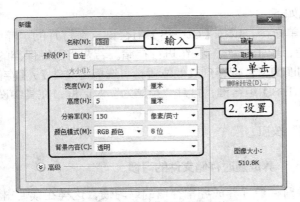

图 1-6　设置新建图像文件参数

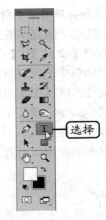

图 1-7　选择横排文字工具

（4）在图像中单击插入光标，分别输入文字"禅""意家具"和"CHANYIJIAJU"，然后在工具属性栏中设置字体为"方正汉简简体"，颜色为黑色，并适当调整文字大小，排列成如图 1-8 所示的样式。

图 1-8　输入文字

（二）打开并旋转图像

　　打开图像后，如果画面角度不合适，可以对图像进行旋转。在编辑图像时，旋转图像可以纠正图像的角度，得到正常的画面，其具体操作如下。

微课视频

打开并旋转图像

（1）选择【文件】/【打开】菜单命令，打开"打开"对话框，在查找范围下拉列表中找到素材文件，然后选择"家具.jpg"图像文件，如图 1-9 所示，单击 打开(O) 按钮打开图像，效果如图 1-10 所示。

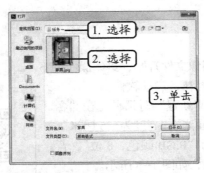

图 1-9　选择要打开的图像文件

图 1-10　打开的图像

（2）选择【图像】/【图像旋转】/【90 度（逆时针）】菜单命令，如图 1-11 所示，得到旋转
后的图像，如图 1-12 所示。

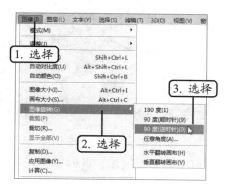

图 1-11　选择命令

图 1-12　旋转后的图像

（3）选择"水印"图像，使用移动工具分别将其拖到"家具"图像中，并改变文字颜色为白色，
如图 1-13 所示，然后在"图层"面板中分别选择文字图层，设置其不透明度为"40%"，
如图 1-14 所示。

图 1-13　移动文字

图 1-14　设置图层不透明度

（三）调整显示比例并移动图像

在编辑图像时，经常需要放大图像的某一部分，并对该部分进行
精确调整，因此需要经常使用缩放工具将图像放大或缩小，具体操作
如下。

（1）在工具箱中单击"缩放工具"，将鼠标指针移至图像编辑区域，
此时鼠标指针呈形状，在"家具"图像中间单击鼠标左键，可将
显示比例由原来的 66.67% 增至 100%，如图 1-15 所示。

（2）在图像窗口左下角的比例框中输入"150%"，再按【Enter】键，可
将图像以 150% 的比例显示，如图 1-16 所示。

微课视频

调整显示比例并移动
图像

多学一招

使用快捷键将放大工具切换为缩小工具

缩放工具默认情况下为放大工具，在其选中的情况下，按住【Alt】
键不放，可将放大工具切换为缩小工具。

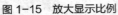

图 1-15　放大显示比例

图 1-16　继续放大显示比例

（3）在工具箱中单击"抓手工具" ，将鼠标指针移至图像编辑区域，此时鼠标指针呈
　　　形状。

（4）在图像编辑区域拖动鼠标，将图中的水印部分拖动到显示区域，然后释放鼠标左键，即
　　　可完成画面的移动操作，如图 1-17 所示。

图 1-17　移动画面显示部分

多学一招

使用快捷键移动图像

除了使用抓手工具移动图像外，还可使用键盘上的【↑】【↓】【←】
和【→】键对图像进行微调，每按一次可使图像向相应方向移动 1 像素
的距离。

（四）查看并保存图像

使用导航器可以直观地观察图像的显示情况，从而快速调整图像
的显示，具体操作如下。

（1）选择【窗口】/【导航器】菜单命令，在面板组中显示"导航器"
　　　面板。

（2）在左下角的比例框中输入"100%"，然后按【Enter】键，将图像显
　　　示比例缩小，如图 1-18 所示。

（3）向左拖动下方的三角形滑块，可以缩小图像，反之则放大图像，
　　　如图 1-19 所示。

微课视频

查看并保存图像

图 1-18 输入图像显示比例　　　　　　图 1-19 通过滑块缩小或放大图像

（4）选择【文件】/【存储】菜单命令，打开"存储为"对话框，在"保存在"栏中选择文件保存位置，设置文件名称为"为图像添加水印"，格式为"PSD"，然后单击 保存(S) 按钮，如图 1-20 所示。

（5）在打开的对话框中选中"不再显示"复选框，单击 确定 按钮，如图 1-21 所示，完成图像的保存操作。

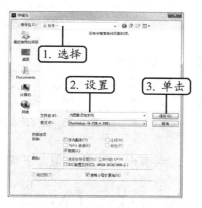

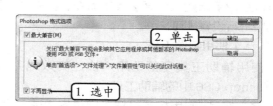

图 1-20 保存图像文件　　　　　　　　图 1-21 选中复选框

任务二 自定义"汽水"文件工作区

　　工作区包括整个工作界面，创建适合自己使用习惯的工作区，能使制作得心应手，再加上辅助工具的使用，能达到事半功倍的效果。本任务将介绍这些功能和操作。

【任务目标】

　　通过创建"汽水"广告，介绍如何设置工作区和使用辅助工具。制作时，首先需要自定义工作区和工具快捷键，然后使用标尺、参考线和网格，最后为图像添加注释。通过本任务的学习，用户可以掌握工作区的设置和辅助工具的使用方法。本任务制作完成后的最终效果如图 1-22 所示。

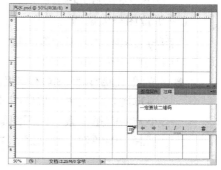

图 1-22 "汽水"文件工作区

效果所在位置　效果文件 \ 项目一 \ 任务二 \ 汽水 .psd

高清彩图

【相关知识】

本任务主要讲解设置工作区、使用辅助工具，以及位图与矢量图
的内容。

（一）设置工作区

Photoshop CS6 提供了不同的预设工作区，包括 3D、动感、绘画、摄影和排版规则，
不同的工作区适用于不同的操作。例如，要在 Photoshop CS6 中制作 GIF 动画，可切换到
动感工作区。用户还可以自定义工作区。

1．预设工作区

选择【窗口】/【工作区】菜单命令，在其子菜单中可选择一种
预设工作区，或单击工具属性栏右侧的 3D 按钮，在打开的下
拉列表中也可选择一种预设工作区，如图 1-23 所示。

2．自定义工作区

用户还可自由调整工作区，使其符合自己的使用习惯，然后存储
调整后的工作区，使其可直接调用。调整好工作区后，选择【窗口】/
【工作区】/【新建工作区】菜单命令，打开"新建工作区"对话框，
在其中进行设置即可。

图 1-23　选择预设工作区

（二）使用辅助工具

使用辅助工具可帮助用户快速高效地完成工作，达到事半功倍的效果。下面介绍
Photoshop CS6 中的辅助工具。

- **标尺**：利用标尺可精确定位图像或元素。选择【视图】/【标尺】菜单命令，或按
【Ctrl+R】组合键，即可调用标尺。标尺会出现在现有窗口的顶部和左侧，移动指
针时，标尺内的标记会显示指针的位置，标尺原点也确定了网格。
- **参考线**：参考线显示为浮动在图像上方的不会打印出来的线条，用于精确定位图像
或元素。用户可以移动和删除参考线，也可以锁定参考线，从而使其不会意外移动。
- **网格**：网格的作用也是精确定位图像或元素，选择【视图】/【显示】/【网格】菜
单命令，即可将其显示。

（三）位图与矢量图

位图与矢量图是关于图像的基本概念，理解这些概念并明确概念之间的区别有助于更好
地学习和使用 Photoshop CS6，下面分别进行介绍。

- **位图**：也称点阵图或像素图，由多个像素点构成，位图能将灯光、透明度和深度等
逼真地表现出来，将位图放大到一定程度，可看到位图由一个个小方块组成，这些
小方块就是像素。位图图像的质量由分辨率决定，单位面积内的像素越多，分辨率
越高，图像效果就越好。图 1-24 所示为位图 100% 和 800% 的显示效果对比。

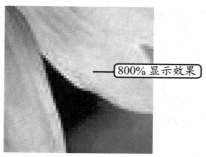

图 1-24　位图 100% 和 800% 的显示效果对比

● **矢量图**：又称向量图，以数学公式计算获得，基本组成单元是锚点和路径。无论将矢量图放大多少倍，图像都具有同样平滑的边缘和清晰的视觉效果，但聚焦和灯光的质量很难在一幅矢量图像中获得，且不能很好地表现。图 1-25 所示为矢量图放大前后的效果对比。

图 1-25　矢量图放大前后的效果对比

矢量图的用途

　　矢量图常用于制作企业标志或插画，还可用于商业信纸或招贴广告。矢量图可随意缩放的特点使其在任何打印设备上以高分辨率输出。

【任务实施】

（一）自定义工作区

　　启动 Photoshop CS6 后，用户可以根据需要调整工作区中面板的位置和显示状态，包括工具箱的显示和面板的分类组合等，具体操作如下。

（1）启动 Photoshop CS6，在工具箱上侧单击 ▣ 按钮，双列显示工具箱。

（2）选择【窗口】/【色板】菜单命令，打开"色板"面板组。将"颜色"和"色板"面板标题右侧的空白部分拖动到"属性"面板标题右侧。

（3）当"属性"面板周围出现蓝色边框时，释放鼠标左键，可将"颜色"和"色板"面板加入"属性"面板中，如图 1-26 所示。

微课视频

自定义工作区

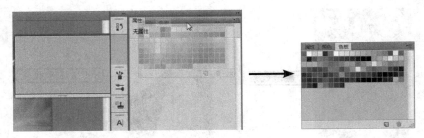

图 1-26　移动面板

（4）单击"3D"面板右侧的　　按钮，在打开的下拉列表中选择"关闭"选项，如图 1-27 所示，
关闭 3D 面板。

（5）选择【窗口】/【工作区】/【新建工作区】菜单命令，打开"新建工作区"对话框，在"名
称"文本框中输入"自定义"，单击　存储　按钮，如图 1-28 所示。要想删除工作区，
可以选择【窗口】/【工作区】/【删除工作区】菜单命令，在打开的对话框中将不需要
的工作区进行删除。

图 1-27　关闭"3D"面板

图 1-28　新建工作区

（二）自定义工具快捷键

在 Photoshop CS6 中，使用工具快捷键可以帮助提高工作效率，
用户还可自定义工具快捷键，使其方便记忆，具体操作如下。

（1）按【Ctrl+N】组合键，打开"新建"对话框，新建分辨率为"300
像素 / 英寸"，大小为"1 024 像素 ×768 像素"的文件。

（2）选择【编辑】/【键盘快捷键】菜单命令，打开"键盘快捷键和菜单"
对话框，单击"快捷键用于"右侧的下拉按钮▼，在打开的下拉
列表中选择"工具"选项。

（3）在下方的工具列表中选择"移动工具"选项，此时右侧对应的快捷键呈可编辑状态，在
键盘上按下想要设置的快捷键，这里按【K】键，然后单击　接受　按钮。

（4）单击　确定　按钮，即可确认新设置的快捷键，如图 1-29 所示。

修改菜单的快捷键

　　选择【窗口】/【工作区】/【键盘快捷键和菜单】菜单命令，也可打
开"键盘快捷键和菜单"对话框。若要修改菜单的快捷键，则需要在"快
捷键用于"下拉列表中选择"应用程序菜单"选项。

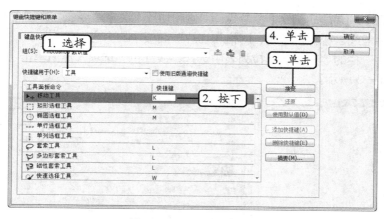

图 1-29　设置工具快捷键

（三）使用标尺、参考线和网格

　　使用标尺、参考线和网格，可以快速分配图像中各个对象的位置，提高工作效率，具体操作如下。

（1）选择【视图】/【标尺】菜单命令，在图像编辑区域显示标尺。

（2）将鼠标指针移至左侧的标尺上，向右拖动鼠标，可拖出一条垂直参考线，如图 1-30 所示。

（3）释放鼠标左键，此时的垂直参考线变为青色。

（4）选择【视图】/【新建参考线】菜单命令，打开"新建参考线"对话框，在"取向"栏中选中"水平"单选项，在"位置"文本框中输入"3.3 厘米"，然后单击按钮，如图 1-31 所示。

（5）继续选择【视图】/【显示】/【网格】菜单命令，显示出网格，效果如图 1-32 所示。

使用快捷键显示或隐藏标尺与网格

　　按【Ctrl+R】组合键，可快速显示或隐藏标尺；按【Ctrl+'】组合键，可快速显示或隐藏网格。

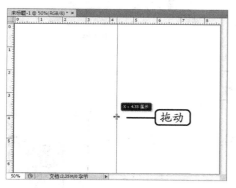

图 1-30　拖出垂直参考线

图 1-31　新建水平参考线

（6）选择【编辑】/【首选项】/【参考线、网格和切片】菜单命令，打开"首选项"对话框，显示出"参考线、智能参考线、网格和切片"面板中的内容。

（7）在"参考线"栏的"颜色"下拉列表中选择"浅红色"选项，然后单击 确定 按钮，效果如图1-33所示。

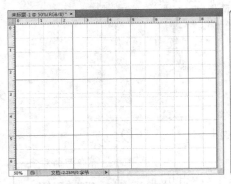
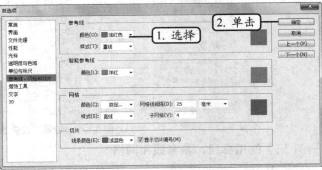

图1-32　添加网格后的效果　　　　图1-33　设置参考线颜色的效果

（四）为图像添加注释

在图像处理过程中，有时需要解释设计的某个元素，以便更好地完成制作，这时可以为图像添加注释，具体操作如下。

（1）在工具箱的"吸管工具" 上按住鼠标左键不放，在打开的面板中选择"注释工具" ，如图1-34所示。

（2）在需要添加注释的位置单击，该位置会出现一个注释图标，并在旁边打开相应的"注释"面板，在该面板中添加注释内容"一定要放二维码"，如图1-35所示。

（3）按【Ctrl+S】组合键，打开"存储为"对话框，在其中设置保存位置，文件名为"汽水"，格式为"PSD"，单击 保存(S) 按钮即可。

微课视频

为图像添加注释

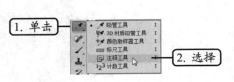
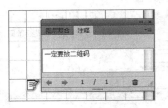

图1-34　选择注释工具　　　　　图1-35　添加注释

实训一　为花卉图像添加参考线

【实训要求】

为花卉图像添加参考线，以方便后期输入文字时，可通过标尺和参考线来调整文字的大小和位置。

【实训思路】

先新建海报，然后添加标尺与参考线，参考线的位置刚好能把界面分割成3部分，参考效果如图1-36所示。

微课视频

为花卉图像添加参考线

高清彩图

图 1-36　花卉图像参考效果

素材所在位置　素材文件＼项目一＼实训一＼花卉 .jpg
效果所在位置　效果文件＼项目一＼实训一＼为花卉图像添加参考线 .psd

【步骤提示】

（1）选择【文件】/【打开】菜单命令，打开"打开"对话框，找到"花卉 .jpg"图像文件，单击 打开(O) 按钮，打开该图像文件。

（2）选择【视图】/【标尺】菜单命令，显示标尺。

（3）选择【视图】/【新建参考线】菜单命令，在打开的对话框中创建方向为"水平"，位置为"10 厘米"的参考线，单击 确定 按钮。再次打开该对话框，创建方向为"水平"，位置为"17 厘米"的参考线。

（4）使用同样的方法，新建两条方向为"垂直"，位置为"7 厘米"和"20 厘米"的参考线。

（5）使用"横排文字工具" T ，在参考线内部输入文字。文字的大小和排列不能超出参考线，最后保存文件即可。

实训二　查看"音乐活动"图像文件

【实训要求】

打开"音乐活动 .jpg"图像文件，然后利用缩放工具和抓手工具查看图像文件，并为图像文件添加注释。

【实训思路】

首先打开图像文件，然后利用缩放工具和抓手工具查看图像，最后添加注释并保存，完成效果如图 1-37 所示。

微课视频

查看"音乐活动"图像文件

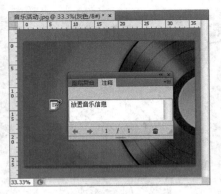

高清大图

图 1-37 "音乐活动"图像文件

素材所在位置　素材文件 \ 项目一 \ 实训二 \ 音乐活动 .jpg
效果所在位置　效果文件 \ 项目一 \ 实训二 \ 音乐活动 .psd

【步骤提示】
（1）选择【文件】/【打开】菜单命令，在打开的对话框中选择图像文件，将其打开。
（2）在工具箱中选择"缩放工具" ，对图像文件进行缩放，在缩放过程中，结合"抓手工具" 移动图像，查看不同的位置。
（3）将文件缩放到合适的大小，选择"注释工具" ，在左侧空白处单击，添加注释内容"放置音乐信息"，最后以 PSD 格式保存文件即可。

常见疑难解析

问：使用【网格】命令添加的网格效果可以直接在作品中用于制作网格吗？

答：网格在图像中的功能是辅助精确作图，当使用其他软件打开图像或者打印图像时，网格不会显示。如果要制作网格效果图，就要使用绘制工具沿网格绘制直线，这样保存或者打印图像时，才有网格效果。

问：打开图像文件时，为什么有的文件要很长时间才能打开？

答：这是因为打开的文件太大了，一般情况下创建的文件只有几十 KB 或几百 KB，而有的文件（如建筑效果图、园林效果图等）可能有几百 MB，所以计算机打开这类文件花费的时间比较长。

问：Photoshop CS6 有多少种屏幕模式？

答：Photoshop CS6 提供了 3 种屏幕模式，分别是标准屏幕模式、带有菜单栏的全屏模式和全屏模式。根据设计需要，可以改变屏幕模式，在工具箱中单击"更改屏幕模式"按钮 ，在打开的列表中选择相应的模式选项即可。各模式的作用如下。

● **标准屏幕模式：**即默认的屏幕模式，可以显示菜单栏、属性栏、滚动条、其他屏幕元素。

● **带有菜单栏的全屏模式：**显示有菜单栏和 50% 灰色背景，无缩小、放大、关闭按钮和滚动条的全屏窗口。

● **全屏模式**：显示只有黑色背景的图像编辑区域，无菜单栏、滚动条等其他面板的全屏窗口。

拓展知识

本任务主要认识了 Photoshop CS6 的工作界面，并介绍了软件的基本操作。在学习 Photoshop CS6 的过程中，还需要了解图像处理的基本概念，下面再介绍像素、分辨率，以及设置多图像窗口的知识。

1. 像素

像素由英文单词"Pixel"翻译而来，它是构成位图图像的最小单位，是位图中的一个小方格。如果将一幅位图看成是由无数个点组成的，一个点就表示一个像素。同样大小的一幅图像，像素越多，越清晰，效果越逼真。

2. 分辨率

分辨率是指单位长度中的像素数目。单位长度中的像素越多，分辨率越高，图像就越清晰，所需的存储空间也就越大。分辨率可分为图像分辨率、打印分辨率和屏幕分辨率等。

● **图像分辨率**：图像分辨率用于确定图像的像素数目，其单位有"像素／英寸"和"像素／厘米"两种。若一幅图像的分辨率为 300 像素／英寸，就表示该图像中每英寸包含 300 个像素。

● **打印分辨率**：打印分辨率又叫输出分辨率，是指绘图仪和激光打印机等输出设备在输出图像时，每英寸所产生的油墨点数。如果使用与打印机输出分辨率成正比的图像分辨率，就能产生较好的输出效果。

● **屏幕分辨率**：屏幕分辨率是指显示器中每单位长度显示的像素或点的数目，单位为"点／英寸"例如，80 点／英寸表示显示器中每英寸包含 80 个点。普通显示器的典型分辨率约为 96 点／英寸。

3. 设置多图像窗口

若在 Photoshop CS6 中同时打开了多个图像文件，可选择【窗口】/【排列】菜单命令，在打开的子菜单中选择图像窗口的排列方式，如图 1-38 所示。下面介绍部分排列方式。

● **将所有内容合并到选项卡中**：该方式是 Photoshop CS6 默认的显示方式，即全屏显示一个图像窗口，其他图像以选项卡的形式排列在这个窗口中。

● **层叠**：从屏幕的左上角向右下角以堆叠和层叠的方式显示图像窗口。

● **平铺**：以边靠边的方式显示窗口，关闭其中一个，其他窗口会随之调整填满空间。

● **在窗口中浮动**：允许图像自由浮动，可拖动标题栏移动窗口位置。

● **使所有内容在窗口中浮动**：使所有图像窗口都可浮动。

● **匹配缩放**：将所有窗口都匹配到与当前相同的缩放比例。

图 1-38 "排列"子菜单

- **全部匹配**：将所有图像的缩放比例、图像显示位置、画布旋转角度与当前窗口匹配。
- **为"（文件名）"新建窗口**：为当前文档新建一个窗口，新建窗口与原来窗口互相影响，在其中一个窗口执行某一操作，在另一个窗口会执行同样的操作。

课后练习

（1）分别使用抓手工具、导航器和缩放工具查看"风景"图像，可将图像放大查看细节，也可将图像缩小观察整体，如图 1-39 所示。

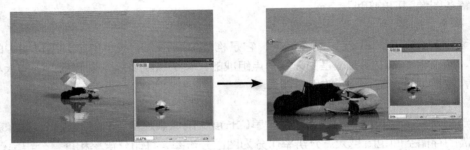

图 1-39　放大查看图像效果

 素材所在位置　素材文件 \ 项目一 \ 课后练习 \ 风景 .jpg

（2）打开"景色"图像，如图 1-40 所示。分别在垂直和水平的中心位置添加参考线，然后设置工作界面，并在导航器中查看图像，界面设置要求为：对"图层"面板组进行拆分，将拆分后的 3 个面板分别组合到"导航器""历史记录"和"颜色"3 个面板组中，并存储设置后的界面。

高清彩图

图 1-40　"景色"图像

 素材所在位置　素材文件 \ 项目一 \ 课后练习 \ 景色 .jpg

02 项目二
使用选区

情景导入

米拉在熟悉了 Photoshop CS6 的工作界面，并掌握了一些基础操作后，老洪告诉她接下来应该学习选区的使用，因为通过选区可以只对图像的部分进行修改，还可以合成图像。米拉知道选区的作用后，下决心要熟练掌握选区的使用。

学习目标

✔ **掌握制作浮雕画框的方法。**
如使用基本选择工具创建选区、收缩和边界选区、存储选区、载入选区等。

✔ **掌握快速抠取图像的方法。**
如快速选择选区、使用蒙版精确选区、羽化选区、变换选区等。

案例展示

▲制作浮雕画框

▲快速抠取图像

任务一　制作浮雕画框

　　对于一张漂亮的风景画，除了调整它的色调和明暗外，还可以为其添加画框效果。首先选择一张已经处理好的风景图像，然后在其中使用选框工具绘制出矩形选区再进行操作，下面具体介绍其制作方法。

【任务目标】

　　练习使用 Photoshop CS6 的选区工具制作浮雕画框，在制作时可先创建选区，然后编辑选区。通过本任务的学习，可以掌握选区的创建方法，了解选区的编辑操作。本任务制作完成后的最终效果如图 2-1 所示。

高清彩图

图 2-1　浮雕画框

　素材所在位置　素材文件 \ 项目二 \ 任务一 \ 风景 .jpg
　　效果所在位置　效果文件 \ 项目二 \ 任务一 \ 制作浮雕画框 .psd

【相关知识】

　　在 Photoshop CS6 中可通过矩形选框工具创建规则的选区，同时可在工具属性栏中设置参数，以完成实际工作中创建选区的需要。下面简单介绍这些选框工具及其对应的工具属性栏。

（一）认识选区

　　在 Photoshop CS6 中处理局部图像时，首先要指定编辑操作的有效区域，即创建选区。如图 2-2 所示，虚线以内即为选区，对图像进行编辑时，编辑作用只会应用到选区内的图像，不会对其他区域造成影响。

图 2-2　选区

（二）矩形选框工具组和套索工具组

　　要创建选区必须使用相应的选取工具，如工具箱中的矩形选框工具组和套索工具组。

1. 矩形选框工具组

　　矩形选框工具组包括"矩形选框工具" ▣、"椭圆选框工具" ◯、"单行选框工具" ▭和"单列选框工具" ▯，如图 2-3 所示。下面介绍各工具的使用。

- **矩形选框工具：** 使用矩形选框工具可以创建规则的矩形选区。
- **椭圆选框工具：** 使用椭圆选框工具可以创建椭圆选区。
- **单行选框工具：** 使用单行选框工具可以在图像上创建 1 像素高的水平选区。

图 2-3　矩形选框工具组

- **单列选框工具：** 使用单列选框工具可以在图像上创建 1 像素宽的垂直选区。

2. 矩形选框工具属性栏

使用矩形选框工具组中的工具创建选区时，可设置工具属性栏中的参数，从而控制选区的形状和样式。图 2-4 所示为矩形选框工具的工具属性栏，各选项的含义如下。

图 2-4　"矩形选框工具"工具属性栏

- **按钮组：** 单击各个按钮，可以控制选区的增减。"新选区"按钮表示创建一个新的选区；"添加到选区"按钮表示创建的选区与已有选区合并；"从选区中减去"按钮表示从原选区中减去重叠部分成为新的选区；"与选区交叉"按钮表示创建的选区与原选区的重叠部分作为新的选区。
- **羽化：** 在该文本框中输入数值后，图像区域创建的选区具有边缘平滑的效果。图 2-5 所示为羽化 20 像素后的矩形选区。
- **消除锯齿：** 用于消除选区锯齿边缘，该复选框只有在选取椭圆选框工具后才会激活。
- **样式：** 用于设置选区的形状。选择"样式"下拉列表中的"正常"选项，可创建不同大小和形状的选区；"固定长宽比"选项用于设置选区宽度和高度的比例，图 2-6 所示为长宽比为 2:1 的矩形选区；"固定大小"选项用于锁定选区大小，在右侧激活的"宽度"和"高度"文本框中可输入具体值，图 2-7 所示为宽度为"15 像素"，高度为"17 像素"的矩形选区。

图 2-5　羽化 20 像素后的矩形选区

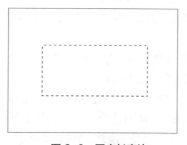

图 2-6　固定长宽比

图 2-7　固定大小

- **调整边缘按钮：** 单击该按钮，在打开的"调整边缘"对话框中可定义边缘半径、对比度和羽化值等，也可对选区进行收缩和扩充，还可选择显示模式，如快速蒙版和蒙版模式等。

3. 套索工具组

套索工具组由"套索工具"、"多边形套索工具"和"磁性套索工具"组成，在工具箱的"套索工具"上单击鼠标右键，打开如图 2-8 所示的套索工具组。

图 2-8　套索工具组

- **套索工具：** 使用套索工具可以像使用画笔在图纸上任意绘制线条一样，创建手绘效果的不规则选区，如图 2-9 所示。

- **多边形套索工具**：使用多边形套索工具可以选取较为精确的不规则图像，尤其适用于选取边界为直线或边界曲折的复杂图像，如图 2-10 所示。
- **磁性套索工具**：使用磁性套索工具可以自动捕捉图像中对比度较大的图像，从而快速、准确地选取图像，如图 2-11 所示。

图 2-9　使用套索工具创建选区　　图 2-10　使用多边形套索工具创建选区　　图 2-11　使用磁性套索工具创建选区

4. 磁性套索工具属性栏

套索工具与多边形套索工具的属性栏参数一致，且属性与其他属性栏中的属性相同，这里不再详解。而磁性套索工具的属性栏参数比前两个多，其属性栏如图 2-12 所示，个别选项的含义如下。

图 2-12　"磁性套索工具"属性栏

- **宽度**：用于设置套索线能够检测到的边缘宽度，其范围为 0 ～ 40 像素。对于颜色对比度较小的图像应设置较小的宽度。
- **对比度**：用于设置选取选区时，图像边缘的对比度，取值范围为 1% ～ 100%。设置的数值越大，选取的范围越精确。
- **频率**：用于设置选取选区时产生的节点数，取值范围为 0 ～ 100。

（三）选区的基本操作

在创建选区时，可设置命令使选择更方便，在创建选区后，还可对选区进行编辑，使选择的范围更精确。下面介绍选区的基本操作。

- **全选与反选**：若要为整个图像创建选区，可选择【选择】/【全部】菜单命令，或按【Ctrl+A】组合键。创建选区后，选择【选择】/【反向】菜单命令，或按【Ctrl+Shift+I】组合键，即可反选选区，即选择选区以外的区域。
- **取消与重新选择**：创建选区后，选择【选择】/【取消选择】菜单命令，或按【Ctrl+D】组合键，即可取消选区；选择【选择】/【重新选择】菜单命令，可恢复上一步取消的选区。
- **移动选区**：创建选区时，在放开鼠标按键前，按住空格键并拖动鼠标，可移动选区。创建选区后，在属性栏中的"新选区"按钮 呈选中的情况下，将鼠标指针移动到选区内，拖动鼠标，可移动选区。
- **隐藏或显示选区**：创建选区后，选择【视图】/【显示】/【选区边缘】菜单命令，或按【Ctrl+H】组合键，可隐藏选区；再次选择该命令或按该组合键，可显示选区。
- **存储和载入选区**：创建选区后，选择【选择】/【存储选区】菜单命令，在打开的对话框中，单击 确定 按钮，即可存储选区。在该文档中，可再次选择【选择】/【载入选区】菜单命令，将存储的选区重新载入。

● **修改选区**：创建选区后，选择【选择】/【修改】菜单命令，在弹出的子菜单中可选择相应的修改命令，如图 2-13 所示，在打开的对话框中可修改选区。

图 2-13　修改选区

【任务实施】

（一）使用基本选择工具创建选区

下面利用矩形选框工具创建矩形选区，制作透明外框，具体操作如下。

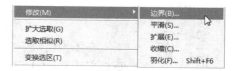

微课视频

使用基本选择工具创建选区

（1）启动 Photoshop CS6，选择【文件】/【打开】菜单命令，打开"风景 .jpg"图像文件，如图 2-14 所示。

（2）在工具箱中的"矩形选框工具" 上单击鼠标右键，在打开的列表中选择"矩形选框工具" 。

（3）在工具属性栏中单击"新选区"按钮 ，然后从图像左上方向右下方拖动鼠标，绘制一个矩形选区，如图 2-15 所示。

图 2-14　打开图像文件

图 2-15　绘制矩形选区

（4）新建图层 1，设置前景色为白色。选择【选择】/【反向】菜单命令，得到反向选择的选区，按【Alt+Delete】组合键填充选区，如图 2-16 所示。

（5）在"图层"面板中设置不透明度为"48%"，得到透明边框图像，如图 2-17 所示。

图 2-16　填充选区

图 2-17　设置不透明度

多学一招

创建选区的其他方法

在图像窗口中按住【Alt】键的同时拖动鼠标，可以从中心创建选区，在按住【Shift】键的同时，拖动鼠标可以绘制圆形选区。

（二）收缩和边界选区

在使用选区的过程中，若选区范围不符合预期，还可以通过收缩和边界选区更改选区的选择范围，具体操作如下。

微课视频
收缩和边界选区

（1）保持选区状态，选择【选择】/【修改】/【收缩】菜单命令，打开"收缩选区"对话框。

（2）在"收缩量"文本框中输入"15"，如图 2-18 所示，然后单击 确定 按钮。

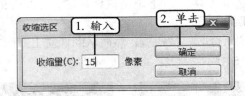

图 2-18　收缩选区

（3）选择【选择】/【修改】/【边界选区】菜单命令，打开"边界选区"对话框。

（4）在"宽度"文本框中输入"15"，如图 2-19 所示，然后单击 确定 按钮，新建一个图层，为选区填充白色，效果如图 2-20 所示。

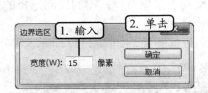

图 2-19　边界选区

图 2-20　图像效果

（5）选择【滤镜】/【杂色】/【添加杂色】菜单命令，打开"添加杂色"对话框，在"数量"文本框中输入"30"，再选中"高斯分布"单选项和"单色"复选框，单击 确定 按钮，如图 2-21 所示。添加染色后的图像效果如图 2-22 所示。

图 2-21　添加杂色

图 2-22　图像效果

（三）存储选区

创建好选区后，可将其存储到图像文件中，以便下次提取使用，具体操作如下。

（1）选择【选择】/【存储选区】菜单命令，打开"存储选区"对话框。

（2）在"名称"文本框中输入"边框"，其他保持默认，然后单击 [确定] 按钮，如图 2-23 所示。

微课视频

存储选区

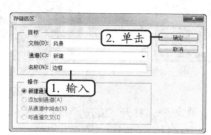

图 2-23　设置选区名称并存储

（3）按【Ctrl+D】组合键，取消选区。

（四）载入选区

设置好选区后，即可在图像中载入选区，制作内层边框图像，具体操作如下。

（1）新建一个图层，选择【选择】/【载入选区】菜单命令，打开"载入选区"对话框。在"通道"下拉列表中选择之前存储的"边框"选区，单击 [确定] 按钮，如图 2-24 所示。

（2）载入选区后，选择【选择】/【变换选区】菜单命令，将鼠标指针移到变换框任意一角，向内拖动鼠标，适当缩小选区，如图 2-25 所示。

微课视频

载入选区

多学一招

精确移动选区的方法

使用键盘上的【→】、【↓】、【←】、【↑】键可精确移动选区，每按一次将使选区向指定方向移动 1 像素，结合【Shift】键一次可以移动 10 像素的距离。

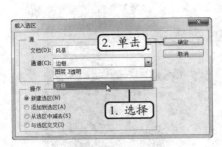

图 2-24　载入选区

图 2-25　缩小选区

（3）按【Enter】键确认选区变换，设置前景色为白色，按【Alt+Delete】组合键填充选区，效果如图 2-26 所示。

（4）在"图层"面板中设置不透明度为"70%"，得到较为透明的图像边框，如图 2-27 所示。

图 2-26　填充选区

图 2-27　设置图像不透明度

（5）选择【编辑】/【描边】菜单命令，打开"描边"对话框，在"宽度"文本框中输入"10 像素"，单击"颜色"右侧的色块，打开"拾色器"对话框，在其中选择黄色（R255，G240，B0），在"位置"栏中选中"居外"单选项，单击 确定 按钮，如图 2-28 所示。

（6）按【Ctrl+D】组合键取消选区，完成本实例的制作，效果如图 2-29 所示。

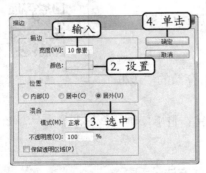

图 2-28　设置"描边"参数

图 2-29　完成效果

任务二　快速抠取图像

快速抠取图像再与其他图像合成是 Photoshop CS6 的一大特色功能，在抠取时，需要先创建选区，并对选区进行一定的编辑，得到柔和的图像边界。下面介绍利用选区快速抠取图像的方法。

【任务目标】

使用 Photoshop CS6 的选区功能快速抠取图像，并将其合成到其他背景图像中。制作时，先在素材图像上创建选区，然后羽化选区，最后将素材图像移动到背景图像中。通过本任务的学习，可以掌握使用快速选择工具创建选区、羽化选区、变换选区的方法。本任务制作完成后的最终效果如图 2-30 所示。

图 2-30　抠取图像效果

素材所在位置　素材文件\项目二\任务二\水晶球.jpg、飞鸟.psd、蓝天.jpg
效果所在位置　效果文件\项目二\任务二\快速抠取图像.psd

【相关知识】

本任务需要使用选区进行操作，涉及快速蒙版和快速选择工具的使用，以及选区的变换操作，下面对相关知识进行讲解。

（一）快速蒙版

快速蒙版可用于创建临时选区，在工具箱下方单击"以快速蒙版模式编辑"按钮回，即可进入快速蒙版的编辑模式。此时使用"画笔工具"在图像中绘制，未被绘制覆盖的区域即为选区选中的区域。绘制完成后，再次单击"以快速蒙版模式编辑"按钮回，退出快速蒙版编辑模式，并出现选区的虚线范围，如图 2-31 所示。

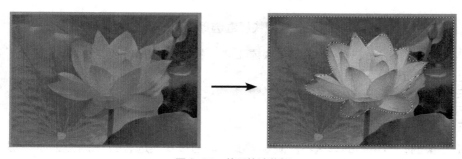

图 2-31　使用快速蒙版

（二）快速选择工具组

快速选择工具组由"快速选择工具"  和"魔棒工具" 组成，主要用于快速选取图像中颜色相近的图像区域，如图 2-32 所示。

图 2-32　快速选择工具组

1. 快速选择工具

使用快速选择工具可以在具有强烈颜色反差的图像中快速绘制选区。其方法是：在工具箱中选择"快速选择工具" ，在图像窗口需要选择的区域中拖动鼠标即可创建选区，如图 2-33 所示。

2. 魔棒工具

使用魔棒工具可以快速选取具有相似颜色的图像。其方法是：在工具箱中选择"魔棒工具" ，在工具属性栏的"容差"文本框中输入相应的值，值越大，选择的颜色范围越大，然后在图像窗口中需要选择的区域单击即可创建选区，如图 2-34 所示。

图 2-33　使用快速选择工具

图 2-34　使用魔棒工具

选择"魔棒工具"后，对应的工具属性栏如图 2-35 所示，其中一些特有选项的含义如下。

图 2-35　"魔棒工具"属性栏

- **连续**：选中该复选框表示只选择颜色相同的连续区域，撤销选中表示选取颜色相同的所有区域。
- **对所有图层取样**：选中该复选框时，使用魔棒工具在任意一个图层上单击，所有图层上与单击处颜色相似的地方都将被选中。

利用快捷键选择快速选择工具组

按【W】键可选择魔棒工具，按【Shift+W】组合键可在魔棒工具和快速选择工具间切换。

（三）变换选区

选取图像时，若绘制的选区不能满足需要，可通过变换选区的方法改变选区的外形，得到需要的选区。

选择【选择】/【变换选区】菜单命令，即可进行变换操作。若要变换选区内的图像，可以选择【编辑】/【自由变换】菜单命令，拖动变换框四周的控制点或在【编辑】/【变换】子菜单中选择相应的菜单命令，即可对图像进行变换操作。其他变换操作如下。

● **斜切**：斜切是以选区的一边作为基线进行变换。选择【编辑】/【斜切】菜单命令，将鼠标指针移动到控制点旁边，当鼠标指针呈↗或↗形状时，拖动鼠标可实现斜切变换效果，如图 2-36 所示。

● **扭曲**：扭曲是将选区的各个控制点进行任意位移来带动选区的变换。选择【编辑】/【扭曲】菜单命令，将鼠标指针移动到图像的任意控制点上，拖动鼠标，可实现扭曲变换，如图 2-37 所示。

● **透视**：透视一般用来调整选区与周围环境间的平衡关系，从不同的角度观察都具有一定的透视效果。选择【编辑】/【透视】菜单命令，将鼠标指针移动到变换框 4 个角的任意控制点上，水平或垂直拖动鼠标，可实现透视变换，如图 2-38 所示。

● **变形**：选择【编辑】/【变形】菜单命令，变换框内将出现网格线，此时在网格内拖动鼠标即可变形图像；也可单击并拖动网格线两端的黑色实心点，此时实心点处出现一个调整手柄，如图 2-39 所示，拖动调整手柄可实现图像的精确变形。

图 2-36 斜切   图 2-37 扭曲   图 2-38 透视   图 2-39 变形

确认选区的变换

选区变换完成后，要单击工具属性栏中的✔按钮或按【Enter】键确认变换后，才可以继续进行接下来的操作，若要取消该次的变换操作，可单击⊘按钮。

【任务实施】

（一）快速选择选区

使用快速选择工具可快速选择图像中具有相似颜色的区域，下面使用快速选择工具选择手托水晶球图像，具体操作如下。

微课视频

快速选择选区

（1）打开"水晶球 .jpg"图像文件，在工具箱中选择"快速选择工具"▨，在属性栏中单击"添加到选区"按钮，并设置画笔大小为"30 像素"。

（2）在左侧背景图像中拖动鼠标，开始绘制选区，如图 2-40 所示，继续选择背景图像并拖动鼠标，将选择范围扩大到整个背景图像，如图 2-41 所示。

图 2-40 开始绘制选区

图 2-41 选择背景图像

（二）使用蒙版精确选区

使用快速蒙版可将选区以颜色显示，通过画笔工具更改颜色范围，更改选区范围，从而细化选区范围，具体操作如下。

（1）在工具箱中单击"以快速蒙版模式编辑"按钮⊡，进入快速蒙版编辑模式，选择"缩放工具" 🔍，单击图片中未被红色覆盖的多余部分，将该部分放大。

（2）选择"画笔工具" ✐，细致涂抹图像中的水晶球和手部图像边缘，确认红色区域覆盖该部分图像，如图 2-42 所示。

（3）单击工具箱中的"以快速蒙版模式编辑"按钮⊡，退出快速蒙版编辑模式。选择【选择】/【反向】菜单命令，反选选区，得到手部和水晶球图像选区，如图 2-43 所示。

图 2-42 使用蒙版细化选区

图 2-43 反选选区

（三）羽化选区

羽化选区可以使选区边缘变得柔和平滑，从而使图像自然地过渡到背景图像中，该操作常用于合成图像。除了通过选择工具在创建选区前设置羽化值外，也可在创建选区后设置选区的羽化，具体操作如下。

（1）载入选区后，选择【选择】/【修改】/【羽化】菜单命令，打开"羽化选区"对话框，在"羽化半径"文本框中输入"2"，单击 ⬜ 确定 按钮，如图 2-44 所示。

（2）打开"蓝天 .jpg"图像文件，在工具箱中选择"移动工具" ▶⊕，选择"水晶球 .jpg"图像文件，将鼠标指针移至选区内，将选区拖动到"蓝天"图像中，如图 2-45 所示，图像周围会出现过渡的效果。

打开"羽化选区"对话框的其他方法

在选区上单击鼠标右键，在弹出的快捷菜单中选择【羽化】命令，或按【Ctrl+Alt+D】组合键，均可以打开"羽化选区"对话框。

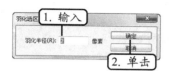

图 2-44　设置羽化值

图 2-45　拖动到"蓝天"图像中

羽化选区的注意事项

当选区较小而"羽化半径"设置得比较大时，会弹出一个羽化警告提示框，单击 确定 按钮，表示确认当前设置的羽化半径。此时，羽化区域将变得很模糊，甚至不能在画面中看清楚，但选区仍然存在。

（四）变换选区

下面在图像中再添加一只飞鸟，并通过变换图像调整图像大小，具体操作如下。

（1）打开"飞鸟.psd"图像文件，按住【Ctrl】键单击"图层0"，载入图像选区，然后选择【编辑】/【变换】/【变形】菜单命令，进入自由变换状态。

（2）将鼠标指针移动到控制点所在的范围内，拖动鼠标，调整选区内鼠标单击处图像的位置。多次在选区内拖动鼠标调整图像，如图2-46所示。

（3）按【Enter】键确认变换，选择"移动工具" ，将鼠标指针移到选区内部，将选区拖动到"蓝天"图像中，效果如图2-47所示，完成本实例的制作。

微课视频

变换选区

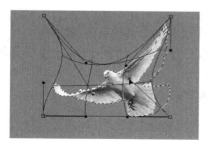

图 2-46　变换选区内图像

图 2-47　图像最终效果

实训一 制作环保公益广告

【实训要求】

制作一个环保公益广告，主要利用选区抠取图像，然后合成图像。要求图像合成边缘融合恰当，颜色过渡合理，画面整体美观。

微课视频

制作环保公益广告

【实训思路】

本实训要求图像合成边缘能够融合，在创建选区后就需要羽化选区，得到柔和的图像边缘，除此之外，还将删除选区中的图像，得到镂空图像效果。本实训的参考效果如图 2-48 所示。

高清彩图

图 2-48 环保公益广告

素材所在位置 素材文件 \ 项目二 \ 实训一 \ 沙漠 .jpg、手 .jpg
效果所在位置 效果文件 \ 项目二 \ 实训一 \ 制作环保公益广告 .psd

【步骤提示】

（1）启动 Photoshop CS6，打开"沙漠 .jpg"和"手 .jpg"图像文件。

（2）选择"魔棒工具" ，在其属性栏中设置容差为"10 像素"，然后选中"连续"复选框，在"手 .jpg"图像中选择白色背景，获取选区。

（3）按【Ctrl+Shift+I】组合键反选选区，然后对选区进行羽化，羽化值为"2 像素"，再将选区内的图像移动到"沙漠"图像中。

（4）按【Ctrl+T】组合键进入变换状态，利用【Shift】键将图像调整到合适的大小。

（5）选择"魔棒工具" ，单击黑色小鹿图像，获取图像选区，再按【Delete】键删除选区中的图像，得到镂空图像效果。

（6）选择"横排文字工具" ，在图像左下方输入文字。

（7）按【Ctrl+S】组合键保存图像文件，完成制作。

实训二 合成"夏荷"作品

【实训要求】

合成"夏荷"作品，制作时可使用提供的素材文件进行合成，完成效果如图2-49所示。

高清彩图

图2-49 合成"夏荷"作品

【实训思路】

先使用快速选择工具选择大致的选区，然后使用套索工具细致选取选区，接着将选区移动到目标图像中，最后保存图像文件即可。

 素材所在位置 素材文件\项目二\实训二\荷花.jpg、蜻蜓1.jpg、蜻蜓2.jpg
效果所在位置 效果文件\项目二\实训二\夏荷.psd

【步骤提示】

（1）打开素材文件中的"荷花.jpg""蜻蜓1.jpg"和"蜻蜓2.jpg"图像文件。

微课视频

合成"夏荷"作品

（2）在"蜻蜓1.jpg"图像文件中，先使用快速选择工具选择蜻蜓的大致区域，然后选择套索工具，结合【Shift】键，增加选取蜻蜓腿部较细的部位。

（3）创建好选区后，选择【选择】/【修改】/【平滑】菜单命令，为选区设置"1像素"的平滑。再选择【选择】/【修改】/【羽化】菜单命令，为选区设置"2像素"的羽化。

（4）使用移动工具将选区内的蜻蜓图像移动到荷花图像内，调整其位置。使用同样的方法，选取"蜻蜓2.jpg"图像文件中的蜻蜓图像并移动到荷花图像内，调整其位置。

（5）选择【文件】/【存储为】菜单命令，保存图像。

常见疑难解析

问：为什么按【Ctrl+M】组合键无法选择单行或单列选框工具？

答：在打开矩形选框工具组时可以看到，只有矩形选框工具和椭圆选框工具后面有"M"字样。单行选框工具和单列选框工具后面没有"M"字样，表示不能通过快捷键切换。因此，按【Ctrl+M】组合键只能在矩形选框工具和椭圆选框工具之间切换。

问：怎样在磁性套索工具和多边形套索工具间快速切换？

答：使用磁性套索工具绘制选区时，按住【Alt】键在其他区域单击，可切换为多边形套索工具；按住【Alt】键单击并拖曳鼠标，可切换为套索工具。

拓展知识

1. 色彩范围

使用【色彩范围】菜单命令创建选区与使用魔棒工具创建选区的工作原理相同，都是根据指定颜色的采样点来选取相似颜色区域，但功能比魔棒工具更全面，常用来创建复杂选区。

其方法是：选择【选择】/【色彩范围】菜单命令，打开"色彩范围"对话框，如图 2-50 所示，在其中选择"吸管工具" ，然后在图像中需要创建选区的部分单击取样颜色，也可在"颜色容差"文本框中输入数值设置选取颜色的范围值，值越大，选区越准确，颜色选取完成后单击 确定 按钮，即可创建选区。图 2-51 所示为创建的选区效果。

图 2-50 "色彩范围"对话框   图 2-51 创建的选区效果

2. 快速蒙版选项

在使用快速蒙版时，还可设置快速蒙版的相关参数，使快速蒙版更符合用户的使用习惯。在工具箱中双击"以快速蒙版模式编辑"按钮 ，打开"快速蒙版选项"对话框，如图 2-52 所示。"快速蒙版选项"对话框中的部分参数如下。

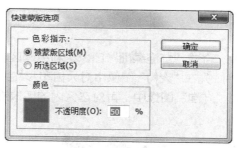

图 2-52 "快速蒙版选项"对话框

- **被蒙版区域**：若将被蒙版区域设置为黑色（不透明），并将所选区域设置为白色（透明），则用黑色绘画可扩大被蒙版区域；用白色绘画可扩大选择区域。选中此单选项后，工具箱中的"以快速蒙版模式编辑"按钮将变为一个带有灰色背景的白圆圈 。
- **所选区域**：若将被蒙版区域设置为白色（透明），并将所选区域设置为黑色（不透明），则用白色绘画可扩大被蒙版区域；用黑色绘画可扩大选择区域。选中此单选项后，工具箱中的"以快速蒙版模式区域"按钮将变为一个带有白色背景的灰圆圈 。

在被蒙版区域与所选区域间切换

　　按住【Alt】键，并单击"以快速蒙版模式编辑"按钮 ，可在被蒙版区域和所选区域模式之间切换。

3. 存储选区参数

　　在图 2-53 所示的"存储选区"对话框中，有文档和通道两个参数，通过这两个参数可将选区存储到其他文件，或存储到的选择图像的任意现有通道。存储选区参数的含义如下。

- **文档**：为选区选择一个目标图像。默认情况下，选区放在当前图像的通道内，也可以将选区存储到其他打开的且具有相同像素尺寸的图像的通道中，或存储到新图像中。
- **通道**：为选区选择一个目标通道。默认情况下，选区存储在新通道中，也可以选择将选区存储到选择图像的任意现有通道中，或存储到图层蒙版中（如果图像包含图层）。

图 2-53 "存储选区"对话框

课后练习

（1）根据前面所学知识，合成"灯泡绿洲"图像，利用选区功能选择所需的图像，然后与"大树"图像合成。制作时，先在"大树"图像中对大树和彩虹绘制选区，并对其进行羽化，然后将选区中的图像移动到"灯泡"图像中，再对选区内的图像进行缩放变换。完成后的效果如图 2-54 所示。

图 2-54 "灯泡绿洲"图像

素材所在位置 素材文件 \ 项目二 \ 课后练习 \ 灯泡 .jpg、大树 .jpg
效果所在位置 效果文件 \ 项目二 \ 课后练习 \ 灯泡绿洲 .psd

（2）利用魔棒工具选择"乐器"图像，然后将其移到"背景 .jpg"图像中，合成后的效果如图 2-55 所示。

图 2-55 "乡音"图像

素材所在位置 素材文件 \ 项目二 \ 课后练习 \ 背景 .jpg、乐器 .jpg
效果所在位置 效果文件 \ 项目二 \ 课后练习 \ 乡音 .psd

03 项目三
绘制和编辑图像

情景导入

通过前段时间的学习，米拉认为自己掌握了 Photoshop CS6 的大部分功能，老洪却告诉米拉，还有很多基础功能她还没有学，比如绘制图像和修饰图像，这些功能在实际设计时会经常用到，比如绘画功能常应用于绘制插画，修饰功能常应用于修图等。米拉很心动，让老洪赶快教她。

学习目标

✔ **掌握绘制美妆企业标志的方法。**
如绘制图像、填充图像等。

✔ **掌握绘制"桃枝"插画的方法。**
如复制图像、变换图像、建立快照等。

✔ **掌握修饰"棉花糖"图像的方法。**
如修补图像、润饰图像、裁剪图像等。

案例展示

▲绘制美妆企业标志

▲绘制"桃枝"插画

▲修饰"棉花糖"图像

任务一 　绘制美妆企业标志

使用 Photoshop CS6 中的绘图工具可以轻松绘制图像，如设计公司标志、设计插画，并能对这些图像进行修改。

【任务目标】

本任务主要使用画笔工具绘制标志，并结合渐变工具填充图像。在制作时，先绘制标志的基本外形，再对其填充渐变颜色。通过本任务的学习，读者可以掌握 Photoshop CS6 图像绘制工具的使用，以及颜色的填充方式。本任务制作完成后的效果如图 3-1 所示。

图 3-1　美妆企业标志

　效果所在位置　效果文件＼项目三＼任务一＼绘制美妆企业标志 .psd

高清彩图

【相关知识】

本任务的制作过程涉及绘图工具和填充工具的使用，这些工具可在工具箱中选择。在制作之前，需要了解图像的色彩模式与绘制工具对应的"画笔"面板和"画笔预设"面板。

（一）色彩模式

色彩模式是数字世界中表示颜色的一种算法，常用的色彩模式有位图模式、灰度模式、双色调模式、索引模式、RGB 模式、CMYK 模式、Lab 模式和多通道模式等。

色彩模式影响图像通道的多少和文件的大小，每个图像都具有一个或多个通道，每个通道都存放图像中颜色元素的信息。图像中默认的颜色通道数取决于色彩模式。在 Photoshop CS6 中选择【图像】/【模式】菜单命令，在弹出的子菜单中可以查看所有色彩模式，选择相应的命令，可在不同的色彩模式之间转换。下面分别介绍各个色彩模式。

● **位图模式**：位图模式只有黑白两种像素表示图像的色彩模式，适合制作艺术样式或创作单色图像。彩色图像模式转换为该模式后，颜色信息会丢失，只保留亮度信息。只有处于灰度模式或多通道模式下的图像才能转化为位图模式图像。将图像的色彩模式转换为灰度模式后，选择【图像】/【模式】/【位图】菜单命令，打开"位图"对话框，在其中进行相应的设置，然后单击 确定 按钮，即可转换为位图模式，如图 3-2 所示。

图 3-2　位图模式

- **灰度模式**：在灰度模式的图像中，每个像素都有一个 0（黑色）～ 255（白色）的亮度值。当一个彩色图像转换为灰度模式图像时，图像中的色相及饱和度等有关色彩的信息会消失，只留下亮度。灰度模式下的"通道"面板如图 3-3 所示。
- **双色调模式**：双色调模式是用灰度油墨或彩色油墨来渲染灰度图像的模式。双色调模式采用两种彩色油墨来创建由双色调、三色调、四色调混合色阶组成的图像。在此模式中，最多可向灰度图像添加 4 种颜色，图 3-4 所示为双色调和三色调效果。

图 3-3　灰度模式下的"通道"面板　　　　图 3-4　双色调和三色调效果

- **索引模式**：系统预先定义好的含有 256 种典型颜色的颜色对照表。当图像转换为索引模式图像时，系统会将图像的所有色彩映射到颜色对照表中，图像的所有颜色都将在它的图像文件中定义。打开该文件时，构成该图像的具体颜色的索引值都将被装载，然后根据颜色对照表找到最终的颜色值。
- **RGB 模式**：该模式是由红、绿、蓝 3 种颜色按不同比例混合而成的，也称真彩色模式，是 Photoshop CS6 默认的模式，也是最为常见的色彩模式。

优先使用 RGB 色彩模式

　　在 Photoshop CS6 中，除非特殊要求使用某种色彩模式，否则一般都采用 RGB 模式，在这种模式下，可使用 Photoshop CS6 中的所有工具和命令，其他模式则会受到相应的限制。

- **CMYK 模式**：是印刷时使用的一种色彩模式，由 Cyan（青）、Magenta（洋红）、Yellow（黄）和 Black（黑）4 种色彩组成。为了避免和 RGB 三基色中的 Blue（蓝色）发生混淆，其中的黑色用 K 表示，若在 RGB 模式下制作的图像需要印刷，则必须将其转换为 CMYK 模式图像。
- **Lab 模式**：是国际照明委员会发布的一种色彩模式，由 RGB 三基色转换而来，是用一个亮度分量和两个颜色分量表示颜色的模式，其中 L 分量表示图像的亮度；a 分量表示由绿色到红色的光谱变化；b 分量表示由蓝色到黄色的光谱变化。
- **多通道模式**：多通道模式图像包含了多种灰阶通道。将图像转换为多通道模式后，系统将根据原图像产生相同数目的新通道，每个通道均由 256 级灰阶组成，常用于特殊打印。

自动转换为多通道模式

当将 RGB 色彩模式或 CMYK 色彩模式图像中的任何一个通道删除时，图像模式会自动转换为多通道模式。

（二）"画笔"面板和"画笔预设"面板

选择画笔工具后，可在工具属性栏中设置画笔的大小、硬度、形状、模式等参数，设置这些参数，可以得到不同的画笔形状，从而在绘制时得到不同的绘制效果。

除此之外，还可在"画笔"面板中自定义画笔的笔尖形态。单击面板组中的"画笔"按钮，展开"画笔"面板，如图 3-5 所示。在该面板中，可以自定义画笔的形状动态、纹理、颜色动态等参数，在面板左侧选中对应的复选框，右侧即显示对应的参数，在其中进行设置即可。

"画笔预设"面板一般与"画笔"面板同属为一组，单击面板组中的"画笔预设"按钮，即可打开该面板，如图 3-6 所示。在其中可选择已经设置好的画笔形状进行绘制，并可更改选择的画笔形状。

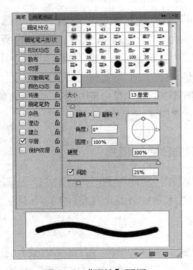

图 3-5 "画笔"面板

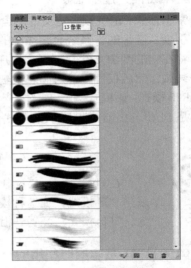

图 3-6 "画笔预设"面板

自定画笔形状

对于一些插画作者来说，定义便于使用的画笔形状，可以提高绘制效率，并且能保持独有的风格，使自己的画风与其他人区别开来。

【任务实施】

（一）绘制图像

选择画笔工具或铅笔工具，在工具属性栏中设置好相关参数，即可开始绘制图像，具体操作如下。

（1）启动 Photoshop CS6，按【Ctrl+N】组合键，打开"新建"对话框，新建分辨率为"96 像素 / 英寸"，宽"25 厘米"，高"23 厘米"，名为"绘制美妆企业标志 .psd"的图像文件。

（2）在工具箱中选择"画笔工具" ，在其工具属性栏中单击"画笔预设"下拉列表右侧的下拉按钮 ，打开"画笔预设"选取器，在下方的列表中选择"硬边圆"选项，将画笔大小设置为"150 像素"，如图 3-7 所示。

（3）新建"图层 1"，按住【Shift】键，在图像区域拖动鼠标进行绘制，得到"K"字母的起笔，如图 3-8 所示。

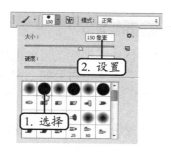

图 3-7　设置画笔属性

图 3-8　绘制图像

（4）新建"图层 2"，绘制较长的曲线笔画，新建"图层 3"，如图 3-9 所示，再绘制点笔画，得到艺术"K"字母，效果如图 3-10 所示。

图 3-9　新建图层

图 3-10　图像效果

（二）填充图像

使用"渐变工具" 和"油漆桶工具" ，可对一些连续图像进行填色，也可对绘制的封闭图像进行填色。具体操作如下。

（1）在工具组的"渐变工具" 上单击鼠标右键，在打开的列表中选择"油漆桶工具" 。

（2）在工具组中单击"设置前景色"色块 ，打开"拾色器（前景色）"对话框，设置颜色为浅灰色（R233，G234，B234），单击 确定 按钮，如图 3-11 所示。

（3）此时图像编辑区域的鼠标指针呈 形状，将左上角的三角箭头移至需要填充颜色的背景图像上，单击鼠标左键即可为背景填充设置好的前景色，如图 3-12 所示。

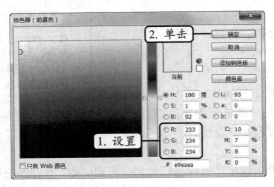

图 3-11　设置前景色　　　　　　　　　　　　　图 3-12　填充颜色

使用默认前景色和背景色

工具组中设置前景色和背景色的色块分别默认为黑色和白色，在设置为其他颜色后，若要恢复默认的颜色，可单击色块上方的"默认前景色和背景色"按钮。

（4）选择"渐变工具"，在其工具属性栏中单击渐变色条，如图 3-13 所示，打开"渐变编辑器"对话框。

（5）在"渐变编辑器"对话框中选择下方的色标，分别双击两侧的色标，设置颜色从玫红色（R253，G35，B131）到紫色（R92，G3，B73），然后单击　确定　按钮，如图 3-14 所示。

（6）选择"图层 1"，按住【Ctrl】键单击该图层，载入图像选区。从图像下方向图像上方拖动鼠标，然后释放鼠标左键，即可在选区中填充渐变颜色，效果如图 3-15 所示。

图 3-13　单击渐变色条　　　　　图 3-14　设置渐变颜色　　　　　图 3-15　填充渐变颜色

（7）选择"图层 3"，载入图像选区，填充相同的渐变颜色；再选择"图层 2"，设置渐变色为从蓝色（R58，G192，B204）到深蓝色（R25，G73，B123），并适当降低图像的不透明度，效果如图 3-16 所示。

（8）载入"图层 2"图像选区，适当移动选区，然后新建"图层 4"，为其填充深紫色（R101，G23，B85）到透明的渐变色，如图 3-17 所示。

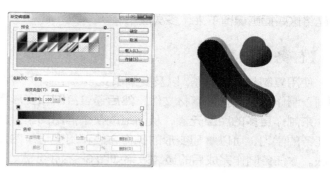

图 3-16　为其他笔画填充渐变颜色　　　　　　　　图 3-17　填充渐变颜色

（9）在"图层"面板中将"图层 4"调整到"图层 2"的下方，如图 3-18 所示，得到蓝色笔
　　　画的投影效果，如图 3-19 所示。

图 3-18　调整图层顺序　　　　　　　　　　　　图 3-19　投影图像

（10）按住【Ctrl】键单击"图层 1"，载入第一个笔画图像选区，保持选择"图层 4"，然后
　　　按【Shift+Ctrl+I】组合键反选选区，按【Delete】键删除图像，得到如图 3-20 所示的效果。

（11）选择"横排文字工具" T.，在标志图像下方输入公司名称，设置中文字体为"方正正
　　　准黑简体"，英文字体为"黑体"，再适当调整文字大小，设置文字颜色为灰色，效果如
　　　图 3-21 所示，完成本实例的制作。

图 3-20　删除图像　　　　　　　　　　　　　　图 3-21　输入文字

任务二　绘制"桃枝"插画

　　插画是运用图案表现形象的一种艺术设计方法，广泛应用于平面和电子媒体、书籍、商
品包装、影视演艺海报、企业广告等领域。Photoshop CS6 可帮助设计师快速绘制各类图像，

并能将这些插画保留下来，多次应用。

【任务目标】

使用复制与粘贴操作，以及变换和变形操作制作"桃枝"
插画。制作时，先打开素材文件，然后通过复制和变形素材
文件来制作更多的图像元素，从而组成整个插图图案。通过
本任务的学习，可以掌握变形的操作方法和历史记录的设置
方法。本任务制作完成后的最终效果如图 3-22 所示。

图 3-22 "桃枝"插画

 | **素材所在位置**　素材文件 \ 项目三 \ 任务二 \ 桃枝 .psd
效果所在位置　效果文件 \ 项目三 \ 任务二 \ 桃枝 .psd

高清彩图

【相关知识】

本任务需根据素材文件制作一幅完整的插画，下面先介绍在制作
过程中涉及的复制与粘贴操作，以及"历史记录"面板的使用方法，
然后介绍变形的相关操作和方法。

（一）复制与粘贴

在 Photoshop CS6 中，复制和粘贴的方法很简单，使用选择工具选择要复制的对象，
再进行操作即可，常用的操作方法如下。

● **使用快捷键**：按【Ctrl+C】组合键复制，按【Ctrl+V】组合键，将复制的对象粘贴
到界面中，此时粘贴的对象位于自动新建的图层中。

● **使用菜单命令**：选择【编辑】/【拷贝】菜单命令可复制选择的对象，选择【编辑】/
【粘贴】菜单命令，将拷贝的对象粘贴到文档自动新建的图层中。

● **快速复制命令**：选中需要复制的对象后，按住【Ctrl+Alt】组合键不放，将对象拖
至合适位置后，释放鼠标左键即可，此时粘贴的对象与原对象在同一图层中。

（二）"历史记录"面板

在面板组中单击"历史记录"按钮，打开"历史记录"面板。
每次对图像进行编辑更改时，图像的状态都会记录到该面板中，如
图 3-23 所示，该面板默认可记录 20 条最近的动作状态。"历史记录"
面板下侧包含以下 3 个按钮。

图 3-23 "历史记录"面板

● **"从当前状态创建新文档"按钮**：单击该按钮，可将当前
的图像状态以"复制状态"条目保存在自动新建的文档中，
并且新建文档的"历史记录"面板此时只包含该条目。

● **"创建新快照"按钮**：单击该按钮，可将当下的图像状态记录以"快照"的形态
记录在"历史记录"面板中，并且保留面板中的历史记录，若需要回到对应状态下，
则单击创建的快照即可。

● **"删除当前状态"按钮**：在"历史记录"面板中选择需要删除的记录，单击该按钮，
可将其删除。若选择的历史记录下还包含其他条目，那么其他条目也会被一起删除。

（三）变换图像

变换图像是编辑处理图像经常使用的操作，它可以使图像产生缩放、旋转与斜切、扭曲与透视等效果。

选择【编辑】/【变换】菜单命令，在打开的子菜单中可选择多种变换菜单命令，如图 3-24 所示。这些菜单命令可对图层、路径、矢量形状，以及选择的图像进行变换。

选择这些菜单命令时，图像周围会出现一个定界框，如图 3-25 所示。定界框中央有一个中心点，拖动中心点可调整定界框的位置，在变换时，图像以中心点为中心进行变换；定界框四周有 8 个控制点，用于进行变换操作。

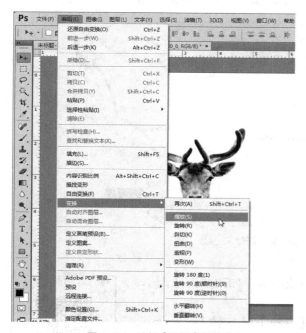

图 3-24　选择【变换】菜单命令

图 3-25　定界框

旋转图像

在【编辑】/【变换】子菜单中选择【旋转 180 度】【旋转 90 度（顺时针）】【旋转 80 度（逆时针）】等可直接得到结果的菜单命令时，不会出现定界框。

快速显示定界框

选择【编辑】/【自由变换】菜单命令，或按【Ctrl+T】组合键都可以快速显示定界框。

【任务实施】

（一）复制图像

通过复制粘贴操作，可快速制作多个同样的图形，节省制作图形的时间，具体操作如下。

（1）启动 Photoshop CS6，按【Ctrl+O】组合键，打开"打开"对话框，选择"桃枝.psd"图像文件。

（2）在工具组中选择"快速选择工具" ，选择图像中的花瓣。按住【Ctrl+Alt】组合键不放，拖动选择的图像，即可复制出图像，如图 3-26 所示。

微课视频

复制图像

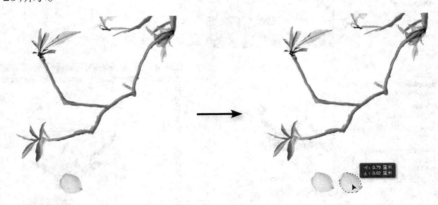

图 3-26　复制图像

（二）变换图像

使用变换操作，可通过定界框快速更改图像，如改变图像大小、扭曲图像等，具体操作如下。

微课视频

变换图像

（1）保持选中复制的图像，选择【编辑】/【变换】/【旋转】菜单命令，使选中图像的四周出现定界框。

（2）将鼠标指针移至定界框周围，此时鼠标指针呈 形状，顺时针拖动鼠标，将图像旋转到合适位置后，释放鼠标左键，效果如图 3-27 所示。

（3）将鼠标指针移至图像中的空白处，将图像拖动到适合位置后释放鼠标左键，如图 3-28 所示。

图 3-27　旋转图像

图 3-28　移动图像

（4）按【Enter】键确认变换操作。使用同样的方法，复制图像，然后进行旋转和移动，最终组成图 3-29 所示的桃花图像。

（5）选择"快速选择工具" ，在其工具属性栏中单击"添加到选区"按钮 ，使其呈选择状态，然后将花瓣全部选择，按住【Ctrl+Alt】组合键不放，拖动选区中的图像，复制图像。

（6）保持选中复制的图像，选择【编辑】/【变换】/【扭曲】菜单命令，将鼠标指针移至定界框四周的控制点上，拖动控制点来调整图像，如图 3-30 所示。

图 3-29　组合图像

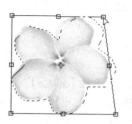
图 3-30　扭曲图像

（7）调整完成后，按【Enter】键确认，然后按【Ctrl+T】组合键，将鼠标指针移至定界框四周的控制点上，当鼠标指针变为 形状时，单击鼠标左键不放并拖动鼠标，缩小桃花图像。

（8）将缩小的桃花图像移至图像中的桃枝上，如图 3-31 所示，位置合适后按【Enter】键确认，再按【Ctrl+D】组合键取消选区。

（9）使用同样的方法，制作不同形状的桃花，然后放到桃枝的适当位置，效果如图 3-32 所示。

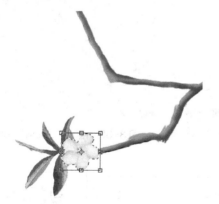
图 3-31　移动桃花

图 3-32　为桃枝添加桃花

（三）建立快照

建立快照，可把需要保存的状态保存下来，然后继续对图像进行操作，即使后期对图像不满意，也可以通过快照回到需要的状态，具体操作如下。

（1）在面板组中单击"历史记录"面板按钮 ，打开"历史记录"面板。单击面板底部的"创建新快照"按钮 ，如图 3-33 所示。

（2）自动在该面板的顶部创建名为"快照 1"的快照，双击"快照 1"

微课视频

建立快照

名称，使其呈可编辑状态，然后输入新的名称"桃枝"，如图3-34所示。

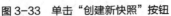
图3-33　单击"创建新快照"按钮

图3-34　更改快照名称

（3）选择【文件】/【存储为】菜单命令，将文件另存到效果文件中即可。

后退一步与前进一步

选择【编辑】/【后退一步】菜单命令，可将当前的操作退后到上一步；选择【编辑】/【前进一步】菜单命令，可将当前的操作前进到下一步已经操作过的步骤上。

任务三　修饰"棉花糖"图像

许多图像并不能直接使用，还需要进行一定的裁剪与修饰（如修复污点、消除人物红眼等），才能达到要求。Photoshop CS6可轻松帮助用户完成以上要求，使图像的处理更加方便快捷。

【任务目标】

使用仿制图章工具对图像进行修饰，然后通过加深和减淡工具、锐化和模糊工具对图像进行润色，最后使用裁剪工具对图像进行裁剪。通过本任务的学习，用户可以掌握裁剪工具和修饰工具的使用方法。本任务制作完成后的最终效果如图3-35所示。

图3-35　修饰"棉花糖"图像

素材所在位置　素材文件\项目三\任务三\棉花糖.jpg、棉花糖.psd
效果所在位置　效果文件\项目三\任务三\修饰"棉花糖"图像.psd

高清彩图

【相关知识】

本任务需要对图像进行裁剪，并使用修饰工具对图像进行修饰，进而优化图像。下面先介绍裁剪工具和一些修饰工具。

（一）裁剪工具

在 Photoshop CS6 中处理图像时，经常需要删除多余的部分，使用裁剪工具可以裁剪图像。选择"裁剪工具"　其工具属性栏如图 3-36 所示，各选项的含义如下。

图 3-36　"裁剪工具"属性栏

- 　　不受约束　按钮：单击该按钮，在打开的下拉列表中可选择预设的裁剪选项。
- **高度和宽度**：用于输入裁剪保留区域的高度和宽度。
- **"纵向与横向旋转裁剪框"按钮**：单击该按钮，可以将裁剪框旋转 90°。
- **"拉直"按钮**：若画面内容出现倾斜的情况，可单击该按钮，在画面中单击并拖出一条直线，让它与地平线、建筑物墙面或其他关键元素对齐，如图 3-37 所示。Photoshop CS6 会以该线为水平面旋转图像，自动校正画面内容，如图 3-38 所示，然后调整裁剪框的大小，按【Enter】键确认即可。
- **视图**：单击视图右侧的　按钮，在打开的下拉列表中可选择不同的选项来显示裁剪参考线。

图 3-37　拉直图像

图 3-38　校正效果

- **"设置其他裁剪选项"按钮**：单击该按钮，在打开的下拉列表中可选择使用经典模式进行裁剪操作，或启用裁剪屏蔽。
- **删除裁剪的像素**：选中该复选框，在进行裁剪操作时，将彻底删除裁剪掉的区域；撤销选中该复选框，在进行裁剪操作时，Photoshop CS6 会将裁剪掉的区域保留在文件中，使用移动工具拖动图像，可显示隐藏的图像内容。
- **"复位"按钮**：单击该按钮，可将裁剪框、图像旋转和长宽比恢复为初始状态。
- **"取消"按钮**：单击该按钮可放弃操作。
- **"提交"按钮**：单击该按钮可确认操作。

（二）修饰工具

在 Photoshop CS6 中，可以使用多种工具对图像进行修饰，如使用修补工具对图像进行修补，使用加深、减淡等工具对图像进行修饰等。

1. 污点修复画笔工具组

该工具组包含"污点修复画笔工具"　、"修复画笔工具"　、"修补工具"　、"内容感知移动工具"　和"红眼工具"　，使用这些工具可以修补图像缺失的部分，也能遮盖图像中多余的部分，具体介绍如下。

（1）污点修复画笔工具

"污点修复画笔工具"　可以快速移去图像中的污点和其他不需要的部分。该工具的属性栏如图 3-39 所示，相关选项的含义如下。

图 3-39 "污点修复画笔工具"属性栏

- **"画笔"下拉列表**：与"画笔工具"属性栏对应的选项一样，用于设置画笔的大小和样式等参数。
- **模式**：用于设置绘制后生成的图像与底色之间的混合模型。其中包含一个"替换"模式，选择该模式时，可保留画笔描边边缘处的杂色、胶片颗粒和纹理。
- **类型**：用于设置修复图像区域过程中采用的修复类型。选中"近似匹配"单选项，可使用选区边缘周围的像素来查找要用作选定区域修补的图像区域；选中"创建纹理"单选项，将使用选区中的所有像素创建一个用于修复该区域的纹理，并使该纹理与周围纹理相协调；选中"内容识别"单选项，可修复选区周围的像素。
- **对所有图层取样**：选中该复选框，将从所有可见图层中对数据进行取样。

（2）修复画笔工具

"修复画笔工具" 可以利用图像中的样本像素来绘画，其可以从被修饰区域的周围取样，并将样本的纹理、光照、透明度、阴影等与所修复的像素匹配，从而去除图像中的污点和划痕。在工具箱中，使用鼠标右键单击"污点修复画笔工具" ，在打开的工具组中可选择"修复画笔工具" 。其对应的工具属性栏如图 3-40 所示，相关选项的含义如下。

图 3-40 "修复画笔工具"属性栏

- **源**：设置用于修复像素的来源。选中"取样"单选项，则使用当前图像中定义的像素进行修复；选中"图案"单选项，可从后面的下拉列表中选择预定义的图案对图像进行修复。
- **对齐**：用于设置像素的对齐方式。

（3）修补工具

在污点修复画笔工具组中可选择"修补工具" ，它是一种相当实用的修复工具，其属性栏如图 3-41 所示，相关选项的含义如下。

图 3-41 "修补工具"属性栏

- **按钮组**：单击"新选区"按钮 ，可以创建一个新的选区，若图像中已有选区，则绘制的新选区会替换原有的选区；单击"添加到选区"按钮 ，可在当前选区的基础上添加新的选区；单击"从选区减去"按钮 ，可在原选区中减去当前绘制的选区；单击"与选区交叉"按钮 ，可得到原选区与当前创建的选区相交的部分。
- **修补**：用于设置修补方式。若选中"源"单选项，则将选区拖至要修补的区域后，用当前选区中的图像修补原来选择的图像；若选中"目标"单选项，则将选择的图像复制到目标区域。
- **透明**：选中该复选框，可使修补的图像与原图像产生透明叠加效果。

● [使用图案] **按钮**：在图案下拉面板中选择一种图案，单击该按钮，可使用图案修补选区内的图像。

（4）内容感知移动工具

污点修复画笔工具组中的"内容感知移动工具" ⊠ 是 Photoshop CS6 新增的工具。使用该工具可将选择的对象移动或扩展到图像的其他区域，然后重组和混合对象，并使其很好地与周围的图像融合。其属性栏如图 3-42 所示，部分选项的含义如下。

图 3-42 "内容感知移动工具"属性栏

● **模式**：用于选择图像移动方式，包括"移动"和"扩展"两个选项。
● **适应**：用于设置图像修复精度。
● **对所有图层取样**：若文档中包含了多个图层，选中该复选框，可对所有图层中的图像进行取样。

（5）红眼工具

"红眼工具" ⊡ 可以置换图像中的特殊颜色，特别是针对人物的红眼状况。该工具的属性栏如图 3-43 所示，各选项的含义如下。

图 3-43 "红眼工具"属性栏

● **瞳孔大小**：用于设置瞳孔（眼睛暗色的中心）的大小。
● **变暗量**：用于设置瞳孔的暗度。

不能使用红眼工具的情形

"红眼工具" ⊡ 不能用于位图、索引和多通道色彩模式的图像中。

2. 减淡、加深和海绵工具

"减淡工具" ◉ 可通过提高图像的曝光度来提高涂抹区域的亮度，"加深工具" ◎ 的作用与"减淡工具" ◉ 相反，其可通过降低图像的曝光度来降低图像的亮度。图 3-44 所示为"减淡工具"的属性栏，相关参数的含义如下。

图 3-44 "减淡工具"属性栏

● **范围**：可选择要修改的色调。选择"阴影"选项可处理图像中的暗色调；选择"中间调"选项，可处理图像的中间调；选择"高光"选项，可处理图像的亮部色调。
● **曝光度**：可为减淡工具或加深工具指定曝光度，值越高，效果越明显。
● **"喷枪"按钮** ◙：单击该按钮，可为画笔开启喷枪功能。
● **保护色调**：可保护图像的色调不受影响。

使用"海绵工具" ◉ 涂抹图像，可以精细地改变某一区域的色彩饱和度，其对应的工具属性栏如图 3-45 所示，各选项的含义如下。

图 3-45 "海绵工具"属性栏

- **模式**：用于设置是否增加或降低饱和度，选择"降低饱和度"选项，表示降低图像中色彩的饱和度，选择"饱和"选项，表示增加图像中色彩的饱和度。
- **流量**：可设置海绵工具的流量，流量越大，饱和度改变的效果越明显。
- **自然饱和度**：选中该复选框，在进行增加饱和度的操作时，可避免颜色过于饱和而出现溢色。

3. 图章工具组

图章工具组包括"仿制图章工具" 🖫 和"图案图章工具" 🖫，可以使用颜色、图案填充图像或选区，以得到图像的复制或替换效果。

利用仿制图章工具可以将图像窗口中的局部图像或全部图像复制到其他图像中。选择"仿制图章工具" 🖫，按住【Alt】键在图像中单击鼠标，获取取样点，然后在图像的另一个区域单击并拖动鼠标，取样处的图像将被复制到该处。

使用图案图章工具可以将 Photoshop CS6 提供的图案或自定义的图案应用到图像中。选择该工具，其属性栏如图 3-46 所示，其中部分参数设置与"画笔工具"属性栏类似，其他选项的含义如下。

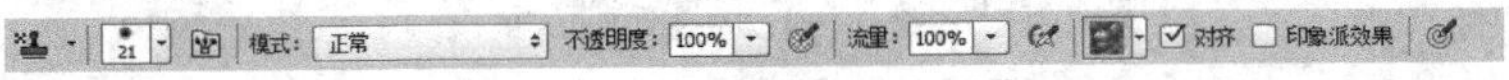

图 3-46 "图案图章工具"属性栏

- 🔲：单击 🔲 按钮右侧的下拉按钮 ，在打开的下拉列表中可以选择要应用的图案样式。
- **印象派效果**：选中该复选框，绘制的图案将具有印象派绘画的艺术效果。

4. 模糊工具组

模糊工具组包括"模糊工具" 🔷 、"锐化工具" 🔺 和"涂抹工具" 🌙 。"模糊工具"属性栏中的"强度"数值框用于设置运用模糊工具时着色的力度，值越大，模糊的效果越明显，取值范围为 1% ～ 100%。

锐化工具的使用方法与模糊工具一样，不同的是在效果上，锐化过后的图像从视觉上看起来会比较清晰，有颗粒感。

涂抹工具用于拾取单击鼠标起点处的颜色，并沿拖动的方向扩张颜色，从而模拟用手指在未干的画布上涂抹产生的效果，其使用方法与模糊工具一样。

【任务实施】

（一）修补图像

使用"仿制图章工具" 🖫 ，可以复制取样图像，从而达到修补图像的目的，下面利用仿制图章工具修补背景图像，将其中多余的棉花糖图像去掉，具体操作如下。

（1）选择"仿制图章工具" 🖫 ，在其工具属性栏中将大小设置为"90像素"，画笔设置为"柔边圆"，如图 3-47 所示。

（2）按住【Alt】键不放，在图像中单击左侧散落的棉花糖，定位采样起始点，如图 3-48 所示，然后将鼠标指针移至右侧合适位置，单

微课视频

修补图像

击鼠标左键不放并拖动开始修补图像，如图 3-49 所示。

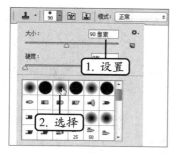

图 3-47　设置画笔大小和形状

图 3-48　定位采样点

（3）使用同样的方法，继续修复其他散落在图像中的棉花糖，效果如图 3-50 所示。

图 3-49　修补图像

图 3-50　图像效果

（二）润饰图像

修补图像后，还需要对图像的修补部分进行润饰，可使用模糊工具和锐化工具更改图像清晰度，再使用减淡工具、加深工具更改图像饱和度，具体操作如下。

微课视频

润饰图像

（1）选择"减淡工具" 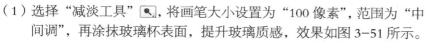，将画笔大小设置为"100 像素"，范围为"中间调"，再涂抹玻璃杯表面，提升玻璃质感，效果如图 3-51 所示。
（2）选择"加深工具" 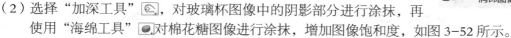，对玻璃杯图像中的阴影部分进行涂抹，再使用"海绵工具" 对棉花糖图像进行涂抹，增加图像饱和度，如图 3-52 所示。

图 3-51　减淡图像

图 3-52　加深图像

（3）选择"锐化工具" ，对玻璃杯杯口进行涂抹，得到锐化图像效果；再选择"模糊工具" ，对图像远处的棉花糖和玻璃杯底部进行涂抹，得到小范围模糊图像，效果如图 3-53 所示。

（4）打开"文字.psd"图像文件，使用移动工具将其拖曳到"棉花糖"图像下方，效果如图 3-54
所示，完成后按【Ctrl+S】组合键保存图像。

图 3-53　锐化和模糊图像

图 3-54　添加文字

（三）裁剪图像

当图像中有多余的部分时，需要使用裁剪工具对图像进行裁剪，
留下想要保留的部分，具体操作如下。

（1）选择【文件】/【打开】菜单命令，打开"棉花糖.psd"图像文件。

（2）选择"裁剪工具"，此时图像四周出现裁剪框，将鼠标指针移
　　至裁剪框下方，当鼠标指针变为形状时，拖动鼠标裁剪图像，如
　　图 3-55 所示，按【Enter】键确认裁剪，效果如图 3-56 所示。

微课视频

裁剪图像

图 3-55　裁剪图像

图 3-56　裁剪效果

实训一　制作价格标签

【实训要求】

利用 Photoshop CS6 的填充工具为图像填充颜色，再通过画笔工
具绘制圆点图像，得到价格标签的基本造型。

微课视频

制作价格标签

【实训思路】

因为价格标签主要用于展示商品价格，所以在设计时，颜色和文
字都应该清晰、醒目。因此，在颜色的搭配上，采用红色为主色调，再绘制白色小圆点作为
周围的点缀，得到对比强烈的色调。在文字的运用上，以突出的主要文字吸引目光，再添加
一些较小的文字，使价格标签主次分明。本实训的参考效果如图 3-57 所示。

图 3-57　价格标签效果

 效果所在位置　效果文件 \ 项目三 \ 实训一 \ 制作价格标签 .psd

【步骤提示】

（1）新建"制作价格标签 .psd"图像文件，利用填充工具填充背景颜色。

（2）新建图层，绘制圆形选区，利用填充工具填充选区，并应用描边效果。

（3）选择椭圆形工具绘制圆形路径，再使用画笔工具，调整笔触硬度和间距，应用画笔描边路径，得到一圈圆点图像。

（4）使用文字工具输入文字，然后设置字体格式。

（5）按【Ctrl+S】组合键保存图像文件，完成制作。

实训二　打造明亮唇色

【实训要求】

修饰如图 3-58 所示图像上的人物，打造出明亮鲜艳的唇色效果。本实训完成后的参考效果如图 3-59 所示。

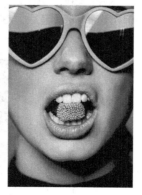

图 3-58　素材文件　　　　图 3-59　图像效果

【实训思路】

通过减淡工具增加图像的亮度，然后对图像饱和度、部分图像高光进行处理。

素材所在位置	素材文件 \ 项目三 \ 实训二 \ 嘴唇 .jpg
效果所在位置	效果文件 \ 项目三 \ 实训二 \ 打造明亮唇色 .psd

【步骤提示】

（1）打开"嘴唇 .jpg"图像文件，选择工具箱中的减淡工具对人物面部图像进行涂抹，增加图像亮度。

（2）选择海绵工具，对唇部图像进行涂抹，增加唇色色彩明亮度。

（3）选择减淡工具，对唇部图像高光部分进行涂抹，再使用加深工具对唇部图像暗部进行涂抹，增加图像对比效果。

（4）按【Ctrl+S】组合键保存文件即可。

微课视频

打造明亮唇色

常见疑难解析

问：选择画笔工具后，可以在工具属性栏中设置画笔参数，但为什么还要使用"画笔"面板设置绘图工具？

答：因为在"画笔工具"属性栏中只能进行一些基本设置，而"画笔"面板则能设置更详细的参数，如形状动态、颜色动态等。

问：绘画与绘图一样吗？

答：在 Photoshop CS6 中，绘画与绘图是两个不同的概念，绘画是绘制和编辑基于像素的位图图像，绘图是使用矢量工具创建和编辑矢量图像。本章介绍的画笔工具就是绘画工具。

问：若是 Photoshop CS6 自带的画笔不能满足需要，应该怎么办？

答：用户可以自定义预设画笔样式，另外，也可以从网上下载画笔样式，然后将其载入 Photoshop CS6 中，具体方法为：打开"画笔预设"面板，单击面板右上角的 ■ 按钮，在打开的下拉列表中选择"载入画笔"选项，打开"载入"对话框，在其中找到从网上下载的画笔笔刷所在的位置，选择需要载入的笔刷，单击 载入(L) 按钮，如图 3-60 所示。载入的画笔笔刷将在画笔样式中显示，单击选择该画笔后，在图像区域单击即可绘制出需要的图像效果，如图 3-61 所示。

图 3-60　载入画笔笔刷样式

图 3-61　图像效果

拓展知识

本章主要学习了海绵工具、涂抹工具、仿制图章工具等常用工具的操作。用户还可以使用擦除工具组中的擦除工具擦除图像，下面介绍橡皮擦工具、背景橡皮擦工具和魔术橡皮擦工具。

1. 橡皮擦工具

橡皮擦工具主要用来擦除当前图像中的颜色。选择"橡皮擦工具" 后，可以在图像中拖动鼠标，根据画笔形状擦除图像，图像擦除后将不可恢复。"橡皮擦工具"属性栏如图 3-62 所示，各选项的含义如下。

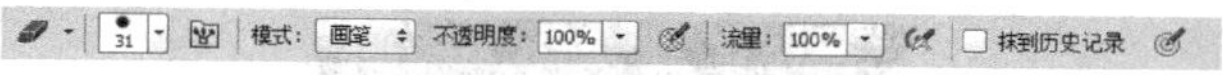

图 3-62 "橡皮擦工具"属性栏

- **模式**：单击其右侧的 按钮，在打开的下拉列表中可选择画笔、铅笔和块 3 种擦除模式。
- **抹到历史记录**：选中该复选框，可以实现将图像擦除至"历史记录"面板中的恢复点外的图像效果。

2. 背景橡皮擦工具

与橡皮擦工具相比，使用背景橡皮擦工具可以将指定颜色范围内的图像擦除至透明色，其工具属性栏如图 3-63 所示，各选项的含义如下。

图 3-63 "背景橡皮擦工具"属性栏

- **"连续"按钮** ：单击此按钮，在擦除图像过程中将连续采集取样点。
- **"一次"按钮** ：单击此按钮，将第一次单击鼠标位置的颜色作为取样点。
- **"背景色板"按钮** ：单击此按钮，将当前背景色作为取样色。
- **限制**：单击右侧的 按钮，打开下拉列表，其中"不连续"选项表示擦除整个图像中样本色彩的区域；"连续"选项表示只擦除连续包含样本色彩的区域；"查找边缘"选项表示自动查找与取样色彩区域连接的边界，能在擦除过程中更好地保持边缘的锐化效果。
- **容差**：用于调整需要擦除的与取样点色彩相近的颜色范围。
- **保护前景色**：选中该复选框，可以保护图像中与前景色一致的区域不被擦除。

3. 魔术橡皮擦工具

魔术橡皮擦工具是一种根据像素颜色来擦除图像的工具，使用该工具在图层中单击时，所有相似的颜色区域被擦除而变成透明的区域。其工具属性栏如图 3-64 所示，各选项的含义如下。

图 3-64 "魔术橡皮擦工具"属性栏

- **消除锯齿**：选中该复选框，可使擦除区域的边缘更加光滑。
- **连续**：选中该复选框，只擦除与临近区域中颜色类似的部分，否则会擦除图像中所有颜色类似的区域。

● **对所有图层取样层**：选中该复选框，可以利用所有可见图层中的组合数据来采集色样，否则只采集当前图层的颜色信息。

课后练习

（1）打开提供的"咖啡杯.jpg"图像文件，在图像中绘制烟雾，效果如图3-65所示。

提示：先使用画笔工具在咖啡杯上方绘制多条较细的白色线条，然后使用涂抹工具对白色线条进行涂抹，得到柔和图像效果，再使用橡皮擦工具适当擦除烟雾，使烟雾图像更加逼真。

图 3-65　图像效果

素材所在位置	素材文件＼项目三＼课后练习＼咖啡杯.jpg
效果所在位置	效果文件＼项目三＼课后练习＼绘制烟雾.psd

（2）结合本章所学的知识，利用填充工具、渐变工具和画笔工具等，绘制卡通蘑菇人，效果如图3-66所示。

图 3-66　卡通蘑菇人

效果所在位置　效果文件＼项目三＼课后练习＼绘制卡通蘑菇人.psd

04 项目四
使用图层

情景导入

米拉发现在使用 Photoshop CS6 处理图像时，很多复杂的效果都无法做出来，用选区选择对象也很困难，于是去请教老洪。老洪看了米拉制作的效果后告诉米拉，应将不同的图像放到不同的图层，这样可单独编辑每个图层中的对象，也避免对其他图像产生影响。通过老洪的介绍，米拉才知道图层是 Photoshop CS6 最具特色的部分，学习好图层的使用才能使图像处理更加便捷。

学习目标

✔ 掌握制作"手机创意合成"图像的方法。

如新建图层，复制、隐藏和显示图层，更改图层名称并调整图层顺序，链接图层等。

✔ 掌握制作"回忆"图像的方法。

如合并图层、栅格化图层、创建剪贴蒙版、盖印图层并创建图层组等。

案例展示

▲制作"手机创意合成"图像

▲制作"回忆"图像

任务一 制作"手机创意合成"图像

使用 Photoshop CS6 设计图像，通过创意结合图像，可以得到意想不到的设计效果。而创意图像的合成必须使用 Photoshop CS6 的图层功能，下面介绍 Photoshop CS6 的图层相关知识。

【任务目标】

学习 Photoshop CS6 图层的基本操作，使用图层制作"手机创意合成"图像效果。制作时，可以先创建图层，然后复制图层、隐藏和显示图层、更改图层名称、调整图层顺序，最后执行将相应的图层链接等操作。通过本任务的学习，用户可以掌握图层的基本使用方法。本任务制作完成后的最终效果如图 4-1 所示。

图 4-1 "手机创意合成"图像

素材所在位置 素材文件\项目四\任务一\动物 .jpg、手机 .jpg、光斑 .jpg

效果所在位置 效果文件\项目四\任务一\手机创意合成 .psd

高清彩图

【相关知识】

在 Photoshop CS6 中，新建图像文件后，系统会自动生成一个图层，用户可以根据需要再新建多个图层。创建的图层是图像的载体，掌握图层的基本操作是处理图像的关键。下面先介绍图层的基本概念。

（一）图层的原理

使用 Photoshop CS6 制作的图像作品往往由多个图层合成，Photoshop CS6 可以将图像的不同部分置于不同的图层中，将这些图层叠放在一起形成完整的图像效果。用户可以对每一个图层中的图像内容进行编辑、修改和效果处理等操作，而对其他图层没有任何影响。

（二）认识"图层"面板

在 Photoshop CS6 中，对图层的操作可通过"图层"面板和"图层"菜单来实现。选择【窗口】/【图层】菜单命令，打开"图层"面板，如图 4-2 所示。

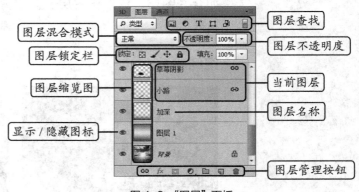

图 4-2 "图层"面板

什么是当前图层

在编辑图层前，需要在"图层"面板中选择所需图层，被选中的图层称为"当前图层"。

"图层"面板列出了图像的所有图层，方便用户创建、编辑和管理图层，以及为图层添加图层样式。"图层"面板中的常用按钮如下。

- **图层锁定**：用于选择图层的锁定方式，包括"锁定透明像素"按钮⊠、"锁定图像像素"按钮✔、"锁定位置"按钮✛和"锁定全部"按钮🔒。
- **填充**：用于设置图层填充的透明度。
- **"链接图层"按钮**🔗：单击该按钮，可链接两个或两个以上的图层，链接图层可同时进行缩放、透视等变换操作。
- **"添加图层样式"按钮**ƒx：单击该按钮，可选择和设置图层的样式。
- **"添加图层蒙版"按钮**▢：单击该按钮，可为图层添加蒙版。
- **"创建新的填充或调整图层"按钮**●：单击该按钮，可在图层上创建新的填充或调整图层。该功能作用是调整当前图层下所有图层的色调效果。
- **"创建新组"按钮**▭：单击该按钮，可以创建新的图层组。图层组用于将多个图层放置在一起，方便查找和编辑操作。
- **"创建新图层"按钮**▢：单击该按钮，可创建一个新的空白图层。
- **"删除图层"按钮**🗑：单击该按钮，可删除当前选取的图层。

（三）图层类型

Photoshop CS6 中常用的图层类型包括以下 5 种。

- **普通图层**：普通图层是基本的图层类型，相当于一张透明纸。
- **背景图层**：Photoshop CS6 中的背景图层相当于绘图时最下层不透明的画纸。在 Photoshop CS6 中，一幅图像只能有一个背景图层。背景图层无法与其他图层交换堆叠次序，但背景图层可以与普通图层相互转换。
- **文字图层**：使用文字工具在图像中创建文字后，软件将自动新建一个图层。文字图层主要用于编辑文字的内容、属性和取向。可以对文字图层进行移动、调整堆叠、拷贝等操作，但大多数编辑工具和命令不能在文字图层中使用。用户如果使用这些工具和命令，首先应将文字图层转换成普通图层。
- **调整图层**：调整图层可以调节其下所有图层中图像的色调、亮度、饱和度等参数，单击"图层"面板下方的"创建新的填充或调整图层"按钮●，在打开的下拉列表中即可选择相应的命令。
- **效果图层**：为图层添加图层样式后，在"图层"面板中该图层右侧将出现一个"添加图层样式"按钮ƒx，表示该图层添加了样式。

除此之外，在"图层"面板中还可添加其他类型的图层，具体如下。

- **链接图层**：保持链接状态的多个图层。
- **剪贴蒙版图层**：蒙版中的一种，可使用下方图层中图像的形状控制其上方图层的显示范围。

- 　**智能对象**：包含智能对象的图层。
- 　**填充图层**：填充了纯色、渐变或图案的特殊图层。
- 　**图层蒙版图层**：添加了图层蒙版的图层，蒙版可以控制图像的显示范围。
- 　**矢量蒙版图层**：添加了矢量形状的蒙版图层。
- 　**图层组**：以文件夹的形式组织和管理图层，以便于查找和编辑图层。
- 　**变形文字图层**：进行变形处理后的文字图层。
- 　**视频图层**：包含视频文件帧的图层。
- 　**3D 图层**：包含 3D 文件或置入的 3D 文件的图层。

【任务实施】

（一）新建图层

打开素材图像后，新建图层，开始合成"手机创意合成"图像，具体操作如下。

微课视频

新建图层

（1）打开"手机 .jpg"图像文件，如图 4-3 所示，将其存储为"手机创意合成 .psd"。

（2）在"图层"面板底部单击"新建图层"按钮，创建一个图层，得到新建的"图层 1"，如图 4-4 所示。

图 4-3　"手机"图像文件

图 4-4　新建图层

（3）设置前景色为黑色，选择"画笔工具"，在工具属性栏中选择柔边圆画笔样式，设置画笔大小为"200 像素"，不透明度为"70%"，在画面上方绘制黑色图像，如图 4-5 所示。

（4）调整"图层 1"的不透明度为"50%"，得到半透明图像效果，如图 4-6 所示。

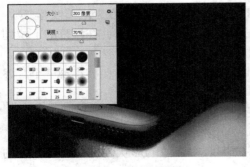

图 4-5　绘制黑色图像

图 4-6　调整图层不透明度

（5）选择【图层】/【新建】/【图层】菜单命令，或按【Ctrl+Shift+N】组合键，打开"新建图层"对话框，在"名称"文本框中输入"颜色蒙版"文本，在"颜色"下拉列表中选择"橙色"选项，单击 确定 按钮，如图4-7所示。

（6）设置该新建图层的前景色为橘黄色（R214，G154，B67），使用画笔工具在图像中间绘制图像，如图4-8所示。

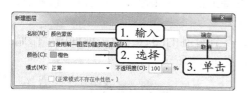

图4-7　新建"颜色蒙版"图层

图4-8　绘制图像

新建图层时设置图层混合模式和不透明度

在"新建图层"对话框中也可设置图层混合模式和不透明度，只需在对应的下拉列表中选择对应的选项。

（7）设置该图层混合模式为"叠加"，不透明度为"50%"，如图4-9所示，改变图像中间的部分色调，效果如图4-10所示。

图4-9　设置图层混合模式和不透明度

图4-10　图像效果

（二）复制、隐藏和显示图层

用户需要使用相同的对象时，可通过复制图层的方法快速完成。下面通过复制图层，制作手机屏幕中的草地和动物图像，具体操作如下。

（1）打开"动物.jpg"图像文件，利用移动工具将其拖曳到当前编辑的图像中，按【Ctrl+T】组合键适当缩小图像，放到手机界面中，如图4-11所示，这时"图层"面板自动增加一个图层，如图4-12所示。

微课视频

复制、隐藏和显示图层

图 4-11　添加图像

图 4-12　"图层"面板

（2）选择【图层】/【复制图层】菜单命令，打开"复制图层"对话框，系统自动将复制的图层命名为"图层 2 副本"，如图 4-13 所示。

（3）保持对话框中的默认设置，单击 ▭确定▭ 按钮，得到复制的图层，单击前面的"眼睛"图标 👁，隐藏该图层，再选择"图层 2"，效果如图 4-14 所示。

图 4-13　复制图层

图 4-14　隐藏和选择图层

复制图层后的注意事项

　　按【Ctrl+J】组合键可快速复制图层。值得注意的是，复制的图层与原图层的内容完全相同，并重叠在一起，因此在图像窗口中并无明显变化，此时可使用"移动工具" 🖰➕ 移动图像，查看复制的图层。

（4）选择"橡皮擦工具" ✐，在工具属性栏中选择画笔样式为"柔边圆"，大小为"30 像素"，硬度为"80%"，如图 4-15 所示。

（5）擦除动物周围的草地图像，效果如图 4-16 所示。

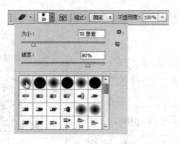
图 4-15　设置橡皮擦工具样式

图 4-16　擦除图像

（6）再次单击"图层 2 副本"前面的"眼睛"图标 ，显示该图层，如图 4-17 所示。

（7）按【Ctrl+T】组合键适当调整图像大小，使其超出图像手机界面边缘，然后使用橡皮擦
工具将其擦除，得到草地图像，效果如图 4-18 所示。

图 4-17　显示图层

图 4-18　图像效果

选择多个连续或不相邻的图层

用户选择多个连续相邻的图层时，可单击选择第一个要选择的图层，
按住【Shift】键不放，单击最后一个要选择的图层。选择多个不相邻的
图层，可在按住【Ctrl】键的同时，依次单击需要选择的图层。

（三）更改图层名称并调整顺序

在合成图像过程中，由于图层比较多，非常不方便查看。这时，
可以修改图层名称和调整图层顺序，使图层内容更直观，具体操作
如下。

（1）在"图层"面板的"图层 2"上双击图层名称，使其呈可编辑状态，
输入"动物"文本，更改图层名称，按【Enter】键确认。

（2）使用同样的方法将"图层 2 副本"的名称改为"草地"，如图 4-19
所示。

微课视频

更改图层名称并调整
顺序

（3）在"图层"面板中选择"颜色蒙版"图层，拖动鼠标，在鼠标指针所到位置会出现一条
阴影线，拖动到最上层后释放鼠标左键，可将"颜色蒙版"图像移动到图层最前面，如
图 4-20 所示。

图 4-19　更改图层名称

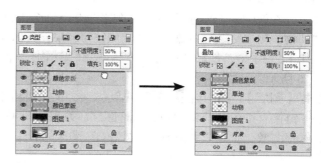

图 4-20　移动图层顺序

（4）单击"图层"面板底部的"新建图层"按钮 ，新建一个图层，将其重命名为"阴影"，

选择"磁性套索工具" ，在工具属性栏中设置羽化为"2 像素"，然后沿着动物边缘移动，绘制出选区。

（5）选择"渐变工具" ，在选区中从上到下填充黑白线性渐变，效果如图 4-21 所示。

（6）在"图层"面板中设置该图层混合模式为"正片叠底"，不透明度为"29%"，得到的图像效果如图 4-22 所示。

图 4-21　渐变填充选区　　　　　　　　图 4-22　设置图层混合模式和不透明度

（7）新建一个图层，设置不透明度为"25%"，选择"套索工具" ，绘制一个和动物外形相似的选区，并填充黑色，如图 4-23 所示，得到动物投影效果。

（8）打开"光斑 .jpg"图像文件，使用"移动工具" 将其拖曳到画面上方，设置图层混合模式为"滤色"，效果如图 4-24 所示。

图 4-23　绘制投影　　　　　　　　　　图 4-24　图像效果

（四）链接图层

由于为图像中的"动物"添加了"阴影"和"投影"图像，所以若要同时调整它们的位置，可将"动物"和"投影"图像所在的图层链接起来，具体操作如下。

（1）按住【Ctrl】键，选择"投影""阴影"和"动物"3 个图层，如图 4-25 所示。

（2）选择【图层】/【链接图层】菜单命令，或单击"图层"面板底部的"链接"按钮 ，即可链接所选图层，效果如图 4-26 所示，最后保存图像，完成"手机创意合成 .psd"图像的制作。

微课视频

链接图层

图 4-25　选择图层　　　　　　　图 4-26　链接图层

选择链接图层

选择一个链接图层后，选择【图层】/【选择链接图层】菜单命令，可在"图层"面板中选择与该图层链接的所有图层。

任务二　制作"回忆"图像

Photoshop CS6 的图层不仅限于前面所讲的功能，用户还可通过合并、盖印、对齐、分布图层与创建图层组等功能来管理图层，方便处理图像。

【任务目标】

本任务将通过管理图层来制作"回忆"图像，制作时，先打开图像文件，然后管理里面的图层，如合并、盖印、对齐分布图层和创建图层组等。

图 4-27　"回忆"图像

通过本任务的学习，用户可以掌握管理图层的相关方法。本任务制作完成后的最终效果如图 4-27 所示。

素材所在位置　素材文件\项目四\任务二\画布.jpg、梅花.jpg、亭子.jpg、文字.png
效果所在位置　效果文件\项目四\任务二\回忆.psd

高清彩图

【相关知识】

制作"回忆"图像，主要学习如何在"图层"面板中管理图层。

（一）管理图层

用户在编辑图像的过程中，需要对添加的图层进行管理，如合并图层、盖印图层、对齐与分布图层、栅格化图层内容等，从而方便处理图像。下面讲解管理图层的相关操作。

1. 合并图层

图层数量以及图层样式的使用都会占用计算机资源，合并相同属性的图层或者删除多余的图层，能让文件变小，同时便于管理，合并图层的操作主要有以下 3 种。

● **合并图层**：在"图层"面板中选择两个以上要合并的图层，选择【图层】/【合并图层】菜单命令或按【Ctrl+E】组合键。

● **合并可见图层**：选择【图层】/【合并可见图层】菜单命令，或按【Shift+Ctrl+E】组合键，可合并"图层"面板中的所有可见图层，不合并隐藏的图层。

● **拼合图像**：选择【图层】/【拼合图像】菜单命令，合并"图层"面板中的所有可见图层，弹出对话框询问是否丢弃隐藏的图层，并以白色填充所有透明区域。

合并图层的其他方法

　　选择要合并的图层后，单击鼠标右键，在弹出的快捷菜单中也可选择相关的合并图层命令。

2. 盖印图层

盖印图层是比较特殊的图层合并方法，它可将多个图层的内容合并到一个新的图层中，并保留之前图层的内容。盖印图层分为以下 4 种方式。

● **向下盖印**：选择一个图层，按【Ctrl+Alt+E】组合键，可将该图层盖印到下面的图层中，原图层的内容保持不变。

● **盖印多个图层**：选择多个图层，按【Ctrl+Alt+E】组合键，可将它们盖印到一个新的图层中，原图层中的内容保持不变。

● **盖印可见图层**：按【Shift+Ctrl+Alt+E】组合键，可将所有可见图层中的图像盖印到一个新的图层中，原图层的内容保持不变。

● **盖印图层组**：选择图层组，按【Ctrl+Alt+E】组合键，可将所有图层内容盖印到一个新的图层中，原图层组的内容保持不变。

3. 对齐与分布图层

对齐与分布图层，可快速调整图层内容，下面分别介绍。

● **对齐图层**：若要将多个图层中的图像内容对齐，可以按住【Shift】键，在"图层"面板中选择多个图层，然后选择【图层】/【对齐】菜单命令，在其子菜单中选择【对齐】菜单命令进行对齐。如果所选图层与其他图层链接，则可以对齐与之链接的所有图层。

● **分布图层**：若要让 3 个或更多的图层采用一定的规律均匀分布，可选择这些图层，然后选择【图层】/【分布】菜单命令，在其子菜单中选择相应的【分布】菜单命令。

● **将选区与图层对齐**：在画面中创建选区后，选择一个包含图像的图层，选择【图层】/【将图层与选区对齐】菜单命令，在其子菜单中选择相应的【对齐】命令，可基于选区对齐所选图层。

4. 栅格化图层内容

要使用绘画工具编辑文字图层、形状图层、矢量蒙版图层或智能对象等包含矢量数据的图层，需要先将其转换为位图，然后才能编辑，转换为位图的操作即为栅格化。选择需要栅格化的图层，选择【图层】/【栅格化】菜单命令，在其子菜单中可选择栅格化图层内容，如图 4-28 所示。下面分别介绍部分菜单命令。

- **文字**：栅格化文字图层，使文字变为光栅图像，也就是位图。栅格化以后，不能使用文字工具修改文字。
- **形状 / 填充内容 / 矢量蒙版**：选择【形状】菜单命令，可以栅格化形状图层；选择【填充内容】菜单命令，可以栅格化形状图层的填充内容，并基于形状创建矢量蒙版；选择【矢量蒙版】命令，可以栅格化矢量蒙版，将其转换为图层蒙版。

图 4-28 【栅格化】菜单命令

- **智能对象**：栅格化智能对象，使其转换为像素。
- **视频**：栅格化视频图层，选择的图层将拼合到"时间轴"面板选择的当前帧中。
- **3D**：栅格化 3D 图层。
- **图层样式**：栅格化图层样式，将其应用到图层内容中。
- **图层 / 所有图层**：选择【图层】菜单命令，可以栅格化当前选择的图层；选择【所有图层】命令，可以栅格化包含矢量数据、智能对象和生成数据的所有图层。

（二）使用图层组管理图层

当图层越来越多时，可以创建图层组来进行管理，将同一属性的图层归类，从而方便快速地找到需要的图层。图层组以文件夹的形式显示，可以对其像普通图层一样执行移动、复制、链接等操作。

1. 创建图层组

选择【图层】/【新建】/【组】菜单命令，打开"新建组"对话框，如图 4-29 所示，可以分别设置图层组的名称、颜色、模式和不透明度，单击 **确定** 按钮，即可在面板上创建一个空白的图层组。

另外，在"图层"面板中单击面板底部的"创建新组"按钮 ，也可以创建一个图层组。选择创建的图层组，单击面板底部的"创建新图层"按钮 ，创建的新图层将位于该组中，如图 4-30 所示。

图 4-29 "新建组"对话框

图 4-30 创建的新图层

知识提示

图层组的默认模式

图层组的默认模式为"穿透"，表示图层组不产生混合效果。若选择其他模式，则组中的图层将以该组的混合模式与下方的图层混合。

2．为已有图层创建组

若要将多个图层创建在一个组内，可先选择这些图层，然后选择【图层】/【图层编组】菜单命令，或按【Ctrl+G】组合键，进行编组。编组后，可单击组前的▶按钮展开或者收缩图层组。

创建图层组后，在图层组内还可以继续创建新的图层组，这种多级结构的图层组称为嵌套图层组。

创建特定属性的图层组

选择图层后，选择【图层】/【新建】/【从图层建立组】菜单命令，打开"从图层新建组"对话框，设置图层组的名称、颜色和模式等属性，可将其创建在设置了特定属性的图层组内。

3．将图层移入或移出图层组

将一个图层拖入图层组内，可将其添加到图层组中，如图 4-31 所示。将一个图层拖出图层组外，可将其从图层组中移出，如图 4-32 所示。

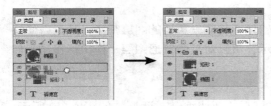

图 4-31　移入图层组

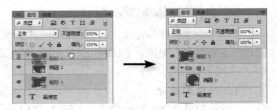

图 4-32　移出图层组

若要取消图层编组，可以选择该图层组，然后选择【图层】/【取消图层编组】菜单命令，或按【Shift+Ctrl+G】组合键。

（三）剪贴蒙版

在"图层"面板中，可以创建剪贴蒙版，使该蒙版图层中的图像以下一层图层中的图像形状为范围显示，创建剪贴蒙版的方法主要有以下两种。

● 选择要设置显示形状的图层，如图 4-33 所示，选择【图层】/【创建剪贴蒙版】菜单命令，该图层将只显示在下一层图层中"ps"图像的形状范围内，效果如图 4-34 所示。

图 4-33　创建剪贴蒙版

图 4-34　蒙版效果

● 按住【Alt】键，将鼠标指针移至要添加剪贴蒙版的两个图层之间，当鼠标指针变为🔽□形状时单击即可。

【任务实施】

（一）合并图层

当较复杂的图像处理完成后，常常会产生大量的图层，使得计算机处理速度变慢。此时可根据需要合并图层，以减少图层的数量等，方便编辑合并后的图层。下面合并梅花图层和空白图层，具体操作如下。

微课视频

合并图层

（1）新建分辨率为"300 像素／英寸"，宽"800 像素"，高"500 像素"的图像，并打开"画布 .jpg"和"梅花 .jpg"图像文件。

（2）切换到"画布"图像，复制背景图层，然后使用"移动工具" 将"画布"图像拖曳到新建图像中，变换调整到合适大小。使用同样的方法将"梅花"图像拖曳到新建图像中并更改大小，效果如图 4-35 所示。

（3）将拖入的两个图层分别重命名为"画布"和"梅花"，然后在"图层"面板中选择"画布"图层，在面板底部单击"新建图层"按钮，新建一个透明图层。

（4）按【D】键复位前景色和背景色，然后按【Ctrl+Delete】组合键以背景色填充图层。

（5）在"图层"面板中按住【Shift】键选择新建的"梅花"和"图层 1"图层，在其上单击鼠标右键，在弹出的快捷菜单中选择【合并图层】命令，此时被选择的图层合并为一个图层，如图 4-36 所示。

图 4-35　拖入素材图像

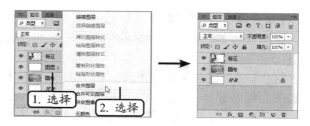

图 4-36　合并图像

知识提示

拼合图层与拼合图像

在合并图层的方式中，拼合图层是将所有可见图层合并，将隐藏的图层丢弃。使用【拼合图像】命令时，可以直接将所有可见图层合并为一个背景图层。

（二）栅格化图层

下面直接将素材拖动到图像文件中，设置图层的混合模式，并进行栅格化操作，使图像完美融合，具体操作如下。

微课视频

栅格化图层

（1）选择"梅花"图层，在"图层"面板中单击图层混合模式右侧的按钮，在打开的下拉列表中选择"叠加"选项，效果如图 4-37 所示。

（2）打开"亭子 .jpg"图像文件，利用移动工具将其拖动到"画布"图像中，并调整其大小。

（3）选择"亭子"图层，将该图层的图层混合模式改为"正片叠底"，效果如图 4-38 所示。

图4-37　叠加混合模式

图4-38　图像效果

（4）直接拖入"文字 .png"图像文件，并设置图层混合模式为"正片叠底"，效果如图4-39
　　　所示。

（5）按住【Ctrl】键，选择"文字"和"亭子"图层，在图层上单击鼠标右键，在弹出的快
　　　捷菜单中选择【栅格化图层】命令，如图4-40所示。

图4-39　添加"文字"图像

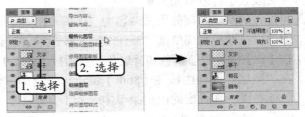

图4-40　栅格化图层

（三）创建剪贴蒙版

下面通过剪贴蒙版对文字的色彩和一些细节进行处理，具体操作
如下。

微课视频

创建剪贴蒙版

（1）将"亭子"图层拖动到"画布"图层之上，调整图层顺序。

（2）在面板底部单击"添加图层蒙版"按钮，在工具箱中选择"画
　　　笔工具"，将画笔前景色设置为黑色，设置画笔为"60 像素"
　　　的"柔边圆"，然后在图层中选择蒙版，在图像中"亭子"的边缘
　　　涂抹，如图4-41所示，再在"图层"面板中设置该图层的不透明度为"53%"。

（3）选择"文字"图层，单击面板下方的"创建新图层"按钮，新建"图层1"，将前
　　　景色设置为绿色（R33，G154，B24），按【Ctrl+A】组合键，选择整个"图层1"，按
　　　【Alt+Delete】组合键，为新建的图层填充该颜色。

（4）按住【Alt】键不放，将鼠标指针移至"图层1"和"文字"图层之间，当鼠标指针变为
　　　形状时，单击鼠标左键，创建剪贴蒙版，效果如图4-42所示。

图4-41　添加图层蒙版

图4-42　创建剪贴蒙版

（四）盖印图层并创建图层组

下面通过盖印图层的方法将图像合并到一个新的图层中，保持原有图层不变，以便于对图像进行调整具体操作如下。

（1）选择"图层1"，按【Ctrl+Shift+Alt+E】组合键盖印所有可见图层，得到新的盖印图层"图层2"。

（2）单击"图层"面板下方的"创建新组"按钮■，创建"组1"文件夹。

按住【Shift】键不放，单击"图层1"和"画布"图层，选择连续的图层，然后移动到"组1"文件夹中，如图4-43所示。

（3）将图像以"回忆"为名保存，完成本任务的制作，效果如图4-44所示。

图4-43　盖印可见图层

图4-44　图像合成效果

实训一　制作"星空下的熊"图像

【实训要求】

通过合成制作出"星空下的熊"图像。首先新建一个图像文件，将多个图像组合在一起，擦除不需要的图像，合成基本图像效果，再绘制星光图像，最后得到的图像效果如图4-45所示。通过本实训的练习，用户可以掌握图层的创建、重命名，以及图层混合模式的设置方法。

【实训思路】

通过椭圆选框工具和矩形选框工具创建选区并填充颜色，然后将素材图像拖动到当前编辑的图像中，擦除不需要的部分，最后调整图层混合模式，使用画笔绘制装饰图像。

图4-45　"星空下的熊"图像

素材所在位置　素材文件＼项目四＼实训一＼风景.jpg、熊.psd、月亮.jpg

效果所在位置　效果文件＼项目四＼实训一＼星空下的熊.psd

高清彩图

【步骤提示】

（1）新建图像文件，为背景填充深绿色（R26，G59，B61）。

（2）新建"图层1"，选择"椭圆选框工具"◯绘制一个圆形选区，羽化选区后填充颜色，然后使用"矩形选框工具" 框选下部分圆形并删除。

（3）打开"风景 .jpg""月亮 .jpg"和"熊 .psd"图像文件，使用移动工
具分别将它们拖动到当前编辑的图像中，适当调整图像大小。

（4）选择"橡皮擦工具" ，对素材图像进行擦除操作，并重命名图层，
以便于查看。

（5）新建一个图层，命名为"投影"。绘制"熊"图像选区，并填充灰色，
然后设置图层混合模式为"叠加"，加深动物图像对比度。

（6）选择"画笔工具" ，在"画笔"面板中设置"间距"和"散布"选项，绘制星光图像。

制作"星空下的熊"
图像

知识提示 **查看图层混合模式**

在图层混合模式下拉列表中选择一种混合模式，然后滚动鼠标滚轮，
可依次查看各种混合模式应用于图像后的效果。

实训二　制作"快乐童年"图像

【实训要求】

主要练习调整图层顺序、复制图层以及剪贴图层的
操作。利用提供的"儿童 1.jpg""儿童 2.jpg""背景 .jpg"
图像文件，制作儿童艺术照"快乐童年"，完成后的参考
效果如图 4-46 所示。

【实训思路】

图 4-46　"快乐童年"图像

首先考虑好画面的整体布局，然后打开"背景"图
像，再将"儿童"图像拖入"背景"图像中，结合图层进行制作。

 素材所在位置　素材文件＼项目四＼实训二＼儿童 1.jpg、
儿童 2.jpg、背景 .jpg
效果所在位置　效果文件＼项目四＼实训二＼快乐童年 .psd

高清彩图

【步骤提示】

（1）打开"背景 .jpg"图像文件，新建"图层 1"，使用椭圆选框工具
创建椭圆选区，并填充白色。

（2）复制"图层 1"，得到"图层 1 副本"，按【Ctrl】键单击"图层 1 副本"
前的图层缩览图载入图像选区，并填充白色，然后略微缩小图像。
接着使用同样的方法绘制其他几个白色的圆形图像。

（3）打开"儿童 1.jpg"图像文件，调整其大小并放置在绘制的圆形上方。
选择【图层】/【创建剪贴蒙版】菜单命令，隐藏圆形以外的儿童图像。

（4）使用同样的方法打开其他图像文件制作艺术照，制作完成后保存文件。

制作"快乐童年"图
像

常见疑难解析

问：如何创建背景图层？

答：在创建图像文件时，若在"新建"对话框的"背景内容"下拉列表中选择"白色"或"背景色"选项，那么"图层"面板最底层便是创建的图像文件的背景图层，若选择"透明"选项，则创建的图像文件没有背景图层。要创建背景图层，可选择其中一个图层，然后选择【图层】/【新建】/【背景图层】菜单命令，将所选图层创建为背景图层。

问：如何将背景图层转换为普通图层？

答：背景图层是很特殊的图层，只存在于"图层"面板底部，不能调整它的顺序，不能设置图层混合模式、不透明度，也不能添加图层样式。要设置背景图层，必须先将其转换为普通图层，方法为：双击"背景"图层，在打开的"新建图层"对话框中输入新的图层名称，单击　确定　按钮，或在按住【Alt】键的同时双击"背景"图层，将其转换为普通图层。

拓展知识

1. 查找图层

当图层较多时，若想在"图层"面板中快速找到某个图层，可选择【选择】/【查找图层】菜单命令，在"图层"面板的顶部会出现一个文本框，如图 4-47 所示，在其中输入要查找的图层的名称，面板中便只会显示该图层。

在"图层"面板中，还可以选择只显示某种类型的图层，如名称、效果、模式、属性或颜色等，而隐藏其他图层。例如，在"图层"面板的图层查找栏中选择"类型"选项，单击右侧的"文字图层滤镜"按钮 ，面板中只显示文字图层，如图 4-48 所示。

图 4-47　查找图层

图 4-48　只显示文字图层

2. 清除图像的杂边

移动或粘贴选区时，选区边框周围的一些杂边也包含在选区内，选择【图层】/【修边】菜单命令，在其子菜单中可选择相应的菜单命令清除这些多余的杂边，如图 4-49 所示。

各菜单命令的含义如下。

图 4-49　【修边】命令

- ● **颜色净化**：去除彩色杂边。
- ● **去边**：用包含纯色（不含背景色的颜色）的邻近像素的颜色替换任何边缘像素的颜色。

● **移去黑色杂边**：若将在黑色背景上创建的消除锯齿的选区粘贴到其他颜色的背景上，可选择该菜单命令消除黑色杂边。

● **移去白色杂边**：若将在白色背景上创建的消除锯齿的选区粘贴到其他颜色的背景上，可选择该菜单命令消除白色杂边。

课后练习

（1）主要使用"苹果.jpg""鸭子.jpg"和"飞机.jpg"图像文件制作如图4-50所示的"胶片.psd"图像文件。制作时将用到链接图层、合并图层和复制图层等操作。

高清彩图

图4-50　"胶片"图像效果

素材所在位置　素材文件\项目四\课后练习\飞机.jpg、苹果.jpg、鸭子.jpg
效果所在位置　效果文件\项目四\课后练习\胶片.psd

（2）利用图层的基本操作，使用"素材.psd""配景素材.psd"图像文件制作如图4-51所示的办公楼效果图。

高清彩图

图4-51　办公楼效果图

素材所在位置　素材文件\项目四\课后练习\素材.psd、配景素材.psd
效果所在位置　效果文件\项目四\课后练习\办公楼效果.psd

05 项目五
图层的高级操作

情景导入

米拉在学习了图层的有关操作后，体会到了图层在 Photoshop CS6 中的重要性，紧接着老洪告诉米拉，前面学习的只是图层的基础操作，图层还有高级操作，比如添加图层样式、复制和粘贴图层样式、创建调整图层、调整填充图层和调整图层的混合模式等。米拉在听了老洪对图层高级操作的描述后跃跃欲试，她相信通过对图层的深入学习，后面制作的图像效果一定会更美观。

学习目标

- ✔ **掌握制作浮雕文字的方法。**
  如添加图层样式、复制和粘贴图层样式等。
- ✔ **掌握制作手机壁纸的方法。**
  如创建调整图层、调整填充图层和调整图层混合模式等。

案例展示

▲制作浮雕文字

▲制作手机壁纸

任务一　制作浮雕文字

图层样式常用于制作特殊效果，调整图层样式可以简单快捷地制作出各种投影、质感，以及光景图像特效。使用图层样式可以提高工作效率，让制作效果更加精确。

【任务目标】

在图像中添加文字，并制作出浮雕效果。在制作时先输入文字，设置合适的样式，然后添加图层样式，对图层样式进行编辑，并通过拷贝和粘贴图层样式简化操作。通过本任务的学习，用户可以掌握 Photoshop CS6 中图层样式的相关操作。本任务制作完成后的效果如图 5-1 所示。

 素材所在位置　素材文件 \ 项目五 \ 任务一 \ 新年背景 .jpg、艺术字 .psd\ 鱼 . psd

效果所在位置　效果文件 \ 项目五 \ 任务一 \ 浮雕文字 .psd

图 5-1　浮雕文字效果

【相关知识】

利用图层样式制作出浮雕文字，下面介绍图层样式的相关知识。

（一）"图层样式"对话框

在编辑图像过程中，只有先添加图层样式，才能编辑图层样式。添加图层样式通常需要打开"图层样式"对话框，下面介绍该对话框的打开与设置方法。

1. 打开"图层样式"对话框

打开"图层样式"对话框的方法有以下 3 种。

● 选择【图层】/【图层样式】菜单命令，在打开的子菜单中选择一种图层样式，如图 5-2 所示。

● 在"图层"面板中单击"添加图层样式"按钮 *fx*，在打开的下拉列表中选择一种图层样式，如图 5-3 所示。

图 5-2　选择菜单命令

图 5-3　单击"添加图层样式"按钮

● 在需要添加图层样式的图层右侧空白处双击可快速打开"图层样式"对话框默认的"混合选项：默认"面板。

2. 认识"图层样式"对话框

"图层样式"对话框如图 5-4 所示，左侧的"样式"栏列出了可添加的图层样式，如斜面和浮雕、描边、内阴影、内发光等。选择其中一种样式，在右侧设置该样式的参数，单击"确定"按钮，即可为图像应用该样式。

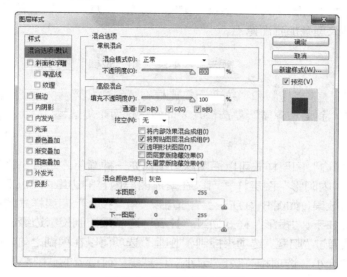

图 5-4 "图层样式"对话框

恢复图层样式的默认参数值

按住【Alt】键不放，"图层样式"对话框中的 [取消] 按钮会变为 [复位] 按钮，单击 [复位] 按钮，可将"图层样式"对话框中的所有参数恢复为默认值。

（二）认识图层样式

Photoshop CS6 提供了多种图层样式，包括混合选项、斜面和浮雕等，下面分别进行简单介绍。

● **混合选项**：混合选项图层样式可以控制图层与其下面图层像素混合的方式。它是整个图层的透明度与混合模式的详细设置，其中有些设置可以直接在"图层"面板上调整。混合选项的相关设置项包括常规混合、高级混合和混合颜色带等。

● **斜面和浮雕**："斜面和浮雕"图层样式可以让图层中的图像产生凸出、凹陷的斜面和浮雕效果，还可以添加不同组合方式的高光和阴影。

● **等高线**："等高线"图层样式可以勾画在浮雕处理中被遮住的起伏、凹陷和凸起，设置不同等高线生成的浮雕效果不同，图 5-5 所示为使用"锥形"等高线的"等高线"面板，效果如图 5-6 所示。

图 5-5　"等高线"面板　　　　　　　　　图 5-6　"锥形等高线"样式效果

● **纹理**：选中"图层样式"对话框左侧的"纹理"复选框，在右侧的"纹理"面板中选择一种纹理叠加到图像上。

激活"等高线"和"纹理"复选框

　　"等高线"和"纹理"复选框在"斜面和浮雕"复选框下方，只有选中"斜面和浮雕"复选框，才能激活这两个复选框。

● **描边**："描边"图层样式可以沿图像边缘填充一种颜色，如图 5-7 所示。
● **内阴影**："内阴影"图层样式可以在紧靠图层内容的边缘内添加阴影，使图层内容产生凹陷效果，如图 5-8 所示。"内阴影"与"投影"图层样式的选项设置差不多，不同之处在于，"投影"样式通过"扩展"选项来控制投影边缘的渐变程度；"内阴影"样式通过"阻塞"选项来控制，"阻塞"选项可以在模糊之前收缩内阴影的边界，且其与"大小"选项相关联，"大小"值越高，可设置的"阻塞"范围就越大。

图 5-7　"描边"图层样式效果　　　　　　　图 5-8　"内阴影"图层样式效果

● **内发光**："内发光"图层样式可以沿图层内容的边缘向内创建发光效果，如图 5-9 所示。

（a）　　　　　　　　　　（b）

图 5-9　"内发光"图层样式效果对比

● **光泽**："光泽"图层样式可以在图像内部产生游离的发光效果，如图 5-10 所示。

图 5-10　"光泽"图层样式效果对比

● **颜色叠加**："颜色叠加"图层样式可以在图像上叠加指定的颜色，通过设置颜色的混合模式和不透明度，控制叠加效果，如图 5-11 所示。

图 5-11 "颜色叠加"图层样式效果对比

● **渐变叠加**："渐变叠加"图层样式可以在图像上叠加指定的渐变颜色，如图 5-12 所示。

图 5-12 "渐变叠加"图层样式效果对比

● **图案叠加**："图案叠加"图层样式可以在图像上叠加指定的图案，并可以设置图案的不透明度和混合模式，以及缩放图案，如图 5-13 所示。

● **外发光**："外发光"图层样式是沿图像边缘向外产生发光效果，如图 5-14 所示。

图 5-13 "图案叠加"图层样式效果　　　　图 5-14 "外发光"图层样式效果对比

● **投影**："投影"图层样式用于模拟物体受光后产生的投影效果，能增加层次感，如图 5-15 所示。

图 5-15 "投影"图层样式效果对比

【任务实施】

（一）添加图层样式

要对图像应用图层样式，首先要添加相应的图层样式，具体操作
如下。

微课视频

添加图层样式

（1）打开"新年背景 .jpg"和"艺术字 .psd"图像文件，如图 5-16、图
5-17 所示。

图 5-16 "新年背景"图像

图 5-17 "艺术字"图像

（2）在工具箱中选择"移动工具" ，将"艺术字"图像拖曳到"新年背景"图像中，"图层"
面板中生成一个"艺术字"图层，如图 5-18 所示。

（3）单击"图层"面板下方的"添加图层样式"按钮 ，在打开的下拉列表中选择"斜面和
浮雕"选项，如图 5-19 所示，打开"图层样式"对话框。

图 5-18 移动图像

图 5-19 选择"斜面和浮雕"选项

（4）在"图层样式"对话框右侧的"样式"下拉列表中选择"枕状浮雕"，设置深度为"480"%，
大小为"76"像素，软化为"4"像素，单击"光泽等高线"右侧的下拉按钮 ，在弹出
的面板中选择"锥形 – 反转"，如图 5-20 所示。

（5）在"图层样式"对话框左侧的"样式"栏中选中"渐变叠加"复选框，在右侧的参数面
板中，设置图层混合模式为"正常"，单击渐变色条，设置渐变色为从橘黄色（R255，
G121，B39）到淡黄色（R255，G213，B141），如图 5-21 所示。

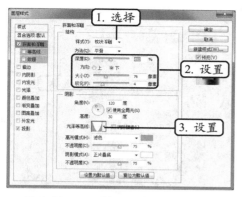

图 5-20　设置"斜面和浮雕"图层样式

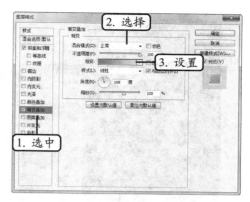

图 5-21　设置"渐变叠加"图层样式

（6）在左侧的"样式"栏中选中"投影"复选框，在参数面板中，设置投影为暗红色（R64，G37，B14），距离为"47"像素，扩展为"0"%，大小为"114"像素，如图 5-22 所示。

（7）单击 确定 按钮，为文字添加图层样式，效果如图 5-23 所示。

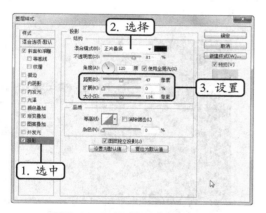

图 5-22　设置"投影"图层样式

图 5-23　文字效果

要善于运用图层样式

　　设置好图层样式后，如果效果不满意，可以再次打开"图层样式"对话框重新调整参数。因此，要养成使用图层样式编辑图形的习惯，应用图层样式可以制作出多种特殊样式和图像效果。

（二）复制和粘贴图层样式

　　在 Photoshop CS6 中，还可以复制创建的图层样式，然后粘贴到其他图层中，从而提高工作效率，避免重复操作，具体操作如下。

（1）打开"鱼 .psd"图像文件，使用"移动工具" 将其拖动到当前编辑的图像中，适当调整图像位置，得到"图层 1"，如图 5-24 所示。

（2）在"图层"面板中选择"艺术字"图层，单击鼠标右键，在弹出的菜单中选择【拷贝图层样式】命令，如图 5-25 所示。

微课视频

复制和粘贴图层样式

图 5-24　添加素材图像

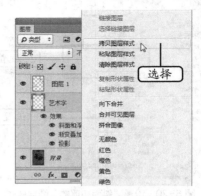

图 5-25　选择【拷贝图层样式】命令

（3）在"图层"面板中选择"图层 1"，单击鼠标右键，在弹出的快捷菜单中选择【粘贴图层
　　　样式】命令，如图 5-26 所示。

（4）粘贴图层样式后，"图层"面板显示相同的图层样式，关闭"斜面和浮雕""渐变叠加"
　　　样式前面的"眼睛"图标 👁，得到投影效果，如图 5-27 所示。

图 5-26　选择【粘贴图层样式】命令

图 5-27　图像效果

（5）在工具箱中选择"横排文字工具" T，在图像下方输入文字"庆元旦迎新年"，并在属
　　　性栏中设置字体为"方正正大黑简体"，填充白色，如图 5-28 所示。

（6）新建一个图层，选择"矩形选框工具" ，在文字下方绘制一个矩形选区，设置前景色
　　　为深红色（R87，G3，B3），按【Alt+Delete】组合键填充选区，如图 5-29 所示。

图 5-28　输入文字

图 5-29　绘制矩形选区

（7）选择"横排文字工具" ，在深红色矩形中输入文字"鼠年大吉 新年快乐 阖家团圆"，并在属性栏中设置字体为"方正正纤黑简体"，填充白色，完成后的效果如图 5-30 所示。

图 5-30　图像效果

任务二　制作手机壁纸

图层的混合模式在图像处理过程中起着非常重要的作用，主要用来调整图层间的相互关系，从而生成新的图像效果。

【任务目标】

使用填充图层和图层混合模式来调整图像色调，使图像颜色更加明亮统一，制作手机壁纸。通过本任务的学习，用户可以掌握图层混合模式、填充图层和调整图层的使用方法。本任务制作完成后的最终效果如图 5-31 所示。

素材所在位置	素材文件 \ 项目五 \ 任务二 \ 枫叶 .jpg
效果所在位置	效果文件 \ 项目五 \ 任务二 \ 手机壁纸 .psd

图 5-31　壁纸效果

【相关知识】

应用图层混合模式可以使图像呈现出丰富的视觉效果，并且可以增强图像的层次感和立体感。

（一）图层混合模式

图层混合是指上一图层与下一图层的像素混合，得到另外一种图像效果。通常情况下，上层的像素会覆盖下层的像素。Photoshop

高清彩图

CS6 提供了 20 多种图层混合模式，不同的图层混合模式可以产生不同的效果。

单击"图层"面板中的 正常 按钮，在打开的下拉列表中可选择需要的图层混合模式，如图 5-32 所示。下面介绍各种图层混合模式的应用效果。

- **正常**：该模式为默认模式，选择该模式，图像将无变化。
- **溶解**：根据像素位置的不透明度，结果色由基色或混合色的像素随机替换。
- **变暗**：在"变暗"模式下，可以查看每个通道中的颜色信息，并选择基色或混合色中较暗的颜色作为结果色。应用该图层混合模式后，将替换比混合色亮的像素，比混合色暗的像素将保持不变。
- **正片叠底**：该模式将当前图层中的图像颜色与其下层图层中图像的颜色混合相乘，得到比原来两种颜色更深的第 3 种颜色。
- **颜色加深**："颜色加深"模式用于查看每个通道中的颜色信息，并通过增加对比度使基色变暗以反映混合色。基色与白色混合后不发生变化。

图 5-32　图层混合模式

基色、混合色与结果色

　　基色是位于下层图像的像素颜色；混合色是上层图像的像素颜色；结果色是混合后看到的像素颜色。

- **线性加深**："线性加深"模式可以查看每个通道中的颜色信息，并通过减小亮度使基色变暗以反映混合色，与白色混合后不发生变化。
- **深色**："深色"模式是比较混合色和基色所有通道值的总和并显示值较小的颜色。"深色"模式不会生成第 3 种颜色（可以通过"变暗"模式混合获得），因为它将从基色和混合色中选择最小的通道值来创建结果颜色。
- **变亮**："变亮"模式可以查看每个通道中的颜色信息，并选择基色或混合色中较亮的颜色作为结果色。比混合色暗的像素被替换，比混合色亮的像素将保持不变。
- **滤色**："滤色"模式可以查看每个通道中的颜色信息，并将混合色的互补色与基色复合。结果色总是较亮的颜色，用黑色过滤时，颜色保持不变，用白色过滤时，将产生白色。
- **颜色减淡**："颜色减淡"模式可以查看每个通道中的颜色信息，并减小对比度使基色变亮以反映混合色，与黑色混合不发生变化。
- **线性减淡**："线性减淡"模式可以查看每个通道中的颜色信息，并增加亮度使基色变亮以反映混合色，与黑色混合不发生变化。
- **浅色**："浅色"模式是比较混合色和基色所有通道值的总和并显示值较大的颜色。"浅色"模式不会生成第 3 种颜色（可以通过"变亮"模式混合获得），因为它将从基色和混合色中选择最大的通道值来创建结果颜色。
- **叠加**："叠加"模式可以复合或过滤颜色，具体取决于基色。图案或颜色在现有像素上叠加，同时保留基色的明暗对比。不替换基色，但基色与混合色混合以反映原色的亮度或暗度。

● **柔光**："柔光"模式可以使颜色变暗或变亮，具体取决于混合色。此效果与发散的聚光灯照在图像上相似。如果混合色（光源）比 50% 灰色亮，则图像变亮，就像被减淡了一样；如果混合色（光源）比 50% 灰色暗，则图像变暗，就像被加深了一样。用纯黑色或纯白色绘画会产生明显较暗或较亮的区域，但不会产生纯黑色或纯白色。

● **强光**："强光"模式可以复合或过滤颜色，具体取决于混合色。此效果与耀眼的聚光灯照在图像上相似。如果混合色（光源）比 50% 灰色亮，则图像变亮，就像过滤后的效果，这对于向图像添加高光非常有用；如果混合色（光源）比 50% 灰色暗，则图像变暗，就像复合后的效果，这对于向图像添加阴影非常有用。用纯黑色或纯白色绘画会产生纯黑色或纯白色。

● **亮光**："亮光"模式可以通过增加或减小对比度来加深或减淡颜色，具体取决于混合色。如果混合色（光源）比 50% 灰色亮，则通过减小对比度使图像变亮；如果混合色比 50% 灰色暗，则通过增加对比度使图像变暗。

● **线性光**："线性光"模式可以通过减小或增加亮度来加深或减淡颜色，具体取决于混合色。如果混合色（光源）比 50% 灰色亮，则通过增加亮度使图像变亮；如果混合色比 50% 灰色暗，则通过减小亮度使图像变暗。

● **点光**："点光"模式可以根据混合色替换颜色。如果混合色（光源）比 50% 灰色亮，则替换比混合色暗的像素，而不改变比混合色亮的像素；如果混合色比 50% 灰色暗，则替换比混合色亮的像素，而比混合色暗的像素保持不变，这对于向图像添加特殊效果非常有用。

● **实色混合**："实色混合"模式可以将混合颜色的红色、绿色和蓝色通道值添加到基色，得到通道的 RGB 值。如果通道的结果总和大于等于 255，则值为 255；如果小于 255，则值为 0。因此，所有混合像素的红色、绿色和蓝色通道值要么是 0，要么是 255。这会将所有像素更改为原色：红色、绿色、蓝色、青色、黄色、洋红、白色或黑色。

● **差值**："差值"模式可以查看每个通道中的颜色信息，并从基色中减去混合色，或从混合色中减去基色，具体取决于哪一个颜色的亮度值更大。与白色混合将反转基色值，与黑色混合则不发生变化。

● **排除**："排除"模式可以创建一种与"差值"模式相似但对比度更低的效果。与白色混合将反转基色值，与黑色混合则不发生变化。

● **减去**："减去"模式可以从目标通道中的相应像素减去源通道中的像素值。

● **划分**："划分"模式可以查看每个通道中的颜色信息，从基色中划分混合色。

● **色相**："色相"模式用基色的亮度、饱和度和混合色的色相创建结果色。

● **饱和度**："饱和度"模式可以用基色的亮度、色相和混合色的饱和度创建结果色。在无饱和度的区域上应用此模式绘画不会发生变化。

● **颜色**："颜色"模式可以用基色的亮度以及混合色的色相和饱和度创建结果色，这样可以保留图像中的灰阶，对给单色图像上色和给彩色图像着色都非常有用。

● **明度**："明度"模式可以用基色的色相、饱和度和混合色的亮度创建结果色。此模式将产生与"颜色"模式相反的效果。

（二）填充图层

图 5-33　新建填充图层

使用填充图层可为图层添加不同的填充效果，如纯色、渐变和图案填充等。结合使用图层混合模式，可以修改其他图像的色彩。选择【图层】/【新建填充图层】菜单命令，在其子菜单中可选择一种填充图层，如图 5-33 所示。各种填充图层的作用如下。

- **纯色**：确认添加"纯色"填充图层后，默认用当前前景色填充调整图层，选择该命令将打开"拾色器"对话框，在其中可以选择其他颜色进行填充。
- **渐变**：确认添加"渐变"填充图层后，在打开的对话框中单击渐变色条，在打开的"渐变编辑器"对话框中可选择或设置渐变颜色。其中，"样式"指定渐变的形状；"角度"指定应用渐变时使用的角度；"缩放"更改渐变的大小；"反向"翻转渐变的方向；"仿色"通过对渐变应用仿色减少带宽；"与图层对齐"使用图层的定界框来计算渐变填充，并可在图像窗口中拖动鼠标来移动渐变中心。
- **图案**：确认添加"图案"填充图层后，单击图案，从弹出式面板中选择一种图案。选中"与图层链接"复选框，可使图案在图层移动时随图层一起移动；选中"贴紧原点"复选框，可使图案的原点与文档的原点相同。

（三）调整图层

调整图层是 Photoshop CS6 中用于调整图像色彩色调的图层，使用时，调整图层以下的图层都将受到影响，但各图层本身的像素并未改变。因此，使用调整图层可以方便日后修改图像，若不需要调整图层中的效果，将该图层隐藏即可。

在"图层"面板底部单击"创建新的填充或调整图层"按钮◐，在弹出的下拉列表中选择一种调整图层（见图 5-34），在所选图层上方即可添加该调整图层，如图 5-35 所示。

图 5-34　选择调整图层

图 5-35　添加调整图层

除此之外，选择【窗口】/【调整】菜单命令，打开"调整"面板，如图 5-36 所示，其中也包含了调整图层的相关选项，单击相应的按钮，即可添加相应的调整图层。在"图层"面板上方还会出现相应的"属性"面板，其中包含调整图层的参数，图 5-37 所示为色彩平衡"属性"面板。调节面板中的参数，即可调整图层。

图 5-36 "调整"面板　　　图 5-37 色彩平衡"属性"面板

色彩平衡"属性"面板中，常规参数的含义如下。

● **"创建剪贴蒙版"按钮** ：单击该按钮，可将当前的调整图层与其下方的调整图层创建为一个剪贴蒙版组，使调整图层仅影响其下面的一个图层，如图 5-38 所示；再次单击该按钮，可取消单独影响，转而影响其下所有图层。

图 5-38 只影响一个图层

● **"查看上一状态"按钮** ：调整参数后，单击该按钮，可查看图像的上一调整状态，以便比较两种状态的效果。
● **"复位到调整默认值"按钮** ：单击该按钮，可将调整参数恢复到默认值。
● **"切换图层可见性"按钮** ：单击该按钮，可隐藏或重新显示调整图层，与"图层"面板中各图层前的可见性按钮用法一致。
● **"删除调整图层"按钮** ：单击该按钮，可直接删除当前选中的调整图层。

【任务实施】

（一）创建调整图层

为图像添加调整图层，调整图像色调和明暗度，并且能够反复修改，具体操作如下。

（1）打开"枫叶.jpg"图像文件，如图 5-39 所示，下面为图像调整色调和明暗度。
（2）单击"图层"面板底部的"创建新的填充或调整图层"按钮 ，在弹出的下拉列表中选择【曲线】命令，如图 5-40 所示。
（3）进入"属性"面板，在曲线中增加节点，拖动节点调整曲线，增加图像亮部区域，再降低图像暗部区域，增强对比的度，如图 5-41 所示。

微课视频

创建调整图层

图 5-39　打开素材图像

图 5-40　选择【曲线】命令

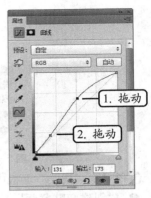
图 5-41　调整曲线

（4）调整好曲线后，"图层"面板中自动生成一个调整图层，如图 5-42 所示，得到的图像效果如图 5-43 所示。

（5）选择【图层】/【新建调整图层】/【亮度/对比度】菜单命令，在打开的对话框中保持默认设置，单击 确定 按钮，进入"属性"面板，设置亮度为"28"，如图 5-44 所示。

图 5-42　得到调整图层

图 5-43　图像效果

图 5-44　增加亮度

（6）调整亮度的图像效果如图 5-45 所示。在"图层"面板中单击"创建新的填充或调整图层"按钮，选择【色相/饱和度】命令，在"属性"面板中选择"全图"，调整色相为"+6"，饱和度为"-40"，明度为"-11"，如图 5-46 所示，然后选择"红色"，调整色相为"+3"，饱和度为"+22"，明度为"-12"，如图 5-47 所示。

图 5-45　调整图像亮度

图 5-46　设置色相/饱和度参数

图 5-47　设置红色参数

（7）选择"黄色"进行调整，设置色相为"-19"，饱和度为"+32"，明度为"+28"，如图5-48
所示，得到的图像效果如图5-49所示。

图5-48　设置黄色参数　　　　图5-49　图像效果

（二）调整填充图层和图层混合模式

下面为图像添加纯色图层，并调整其图层混合模式，具体操作如下。

（1）单击"图层"面板底部的"创建新的填充或调整图层"按钮 ●.，在弹出的下拉列表中选择【纯色】命令，如图5-50所示，打开"拾色器（纯色）"对话框，在其中设置颜色为土黄色（R171，G137，B64），如图5-51所示。

微课视频

调整图层混合模式

图5-50　选择【纯色】命令

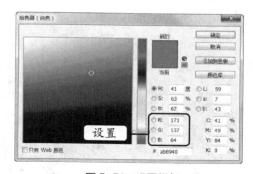

图5-51　设置颜色

知识提示

修改填充图层的参数

若要更改填充的参数，可在"图层"面板中双击填充图层前方的颜色缩略图，在打开的对话框中修改。

（2）单击 确定 按钮，得到纯色填充图层，设置该图层混合模式为"柔光"，不透明度为"50%"，如图5-52所示，得到的图像效果如图5-53所示。

（3）选择工具箱中的"直排文字工具" T，在图像右下角输入文字"秋分""金黄的枫叶飘飘落落，铺满你脚下的前程，伴你走入辉煌……"，在属性栏中设置"秋分"为"方正行楷简体"，其他文字为"方正硬笔行书简体"，填充白色，效果如图 5-54 所示。

图 5-52　设置图层属性

图 5-53　图像效果

图 5-54　输入文字

实训一　制作"鲸和女孩"

【实训要求】

制作图 5-55 所示的"鲸和女孩"，要求使用提供的多张素材图像进行组合，改变图层混合模式，为图像添加调整图层，得到更加柔和、统一的色彩效果。用户通过本实训的练习，可以掌握图层混合模式的设置，以及调整图层的使用方法，并巩固前面所学的移动和绘制图像、调整图像大小等操作。

图 5-55　鲸和女孩

【实训思路】

先将其他素材图像移动到"天空"图像中，然后调整图像大小和位置，再调整图层混合模式，最后执行调整图像色调等操作。

素材所在位置　素材文件＼项目五＼实训一＼天空 .jpg、鲸 .psd、女孩 .psd、桥 .psd

效果所在位置　效果文件＼项目五＼实训一＼鲸和女孩 .psd

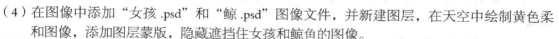

【步骤提示】

（1）打开"天空 .jpg"图像文件，选择画笔工具在图像下半部分绘制灰色云层图像。

（2）打开"桥 .psd"图像文件，使用"移动工具" 将其分别拖动到天空图像中，适当调整图像大小和位置。

（3）新建图层，选择画笔工具在图像下方绘制蓝色图像，并设置图层混合模式为"强光"。

（4）在图像中添加"女孩 .psd"和"鲸 .psd"图像文件，并新建图层，在天空中绘制黄色柔和图像，添加图层蒙版，隐藏遮挡住女孩和鲸鱼的图像。

（5）添加"色相 / 饱和度"调整图层，降低其饱和度；添加"色彩平衡"调整图层，为其增加黄色调和红色调；添加"色阶"调整图层，为其增加图像对比度和亮度。

（6）按【Shift+Ctrl+Alt+E】组合键盖印图层，对其应用"高斯模糊"滤镜，然后设置图层混合模式为"柔光"，完成本实例的制作。

微课视频

制作"鲸和女孩"

实训二　制作"艺术边框"效果

【实训要求】

为一幅风景图像添加艺术边框，要求简洁大方，并加入适当的装饰，最终参考效果如图 5-56 所示。

图 5-56　"艺术边框"效果

高清彩图

【实训思路】

先添加调整图层，然后结合画笔工具进行涂抹，制作丰富的效果。

素材所在位置　素材文件＼项目五＼实训二＼蝴蝶 .psd、花朵 .jpg
效果所在位置　效果文件＼项目五＼实训二＼艺术边框 .psd

【步骤提示】

（1）打开"花朵 .jpg"图像文件，单击"图层"面板下方"创建新的填充或调整图层"按钮 ，在打开的下拉列表中选择【纯色】命令，设置颜色为粉红色（R245，G153，B153）。

（2）选择画笔工具，用黑色在调整图层右侧的蒙版中涂抹，隐藏中间的图像，露出底层的花朵图像。

微课视频

制作"艺术边框"
效果

（3）设置前景色为白色，使用画笔工具在画面中点缀出白色星点图像。

（4）添加"蝴蝶.psd"图像文件，完成艺术边框的制作。

常见疑难解析

问：如果要制作一幅暗调的图像，需要输入深色的文字，怎样才能让文字在画面中更加明显？

答：可以为文字添加各种图层样式来突出文字，如添加浅色的"投影""外发光"和"斜面和浮雕"等图层样式。另外，可以在"图层"面板中选择相应的图层，再拖动不透明度滑块设置图像内部填充的不透明度。

问：在一幅图像中创建一个选区，然后使用"图层样式"对话框为其添加外发光效果，但是添加图层样式后看不到效果，这是怎么回事？

答：这是因为"图层样式"对话框只对图层中的图像起作用，并不对图层中的图像选区起作用，可以将图像选区内容复制到新的图层中，再添加图层样式。

问：为图像中的文字添加图层样式，必须先将文字进行栅格化处理吗？

答：不需要，图层样式可以直接对文字进行操作。只有在使用一些滤镜和色调调整时，才需要对文字进行栅格化处理。

拓展知识

智能对象是包含在栅格或矢量图像中的图像数据。智能对象将保留图像的源内容及其所有原始特性，从而能够对图层执行非破坏性编辑。使用【打开为智能对象】菜单命令、置入为智能对象、将图层中的对象创建为智能对象、将 Illustrator 中的图形粘贴为智能对象等操作，均可创建智能对象。

1. 创建智能对象

创建智能对象的方法如下。

● **打开为智能对象**：在文件中选择【打开】/【打开为智能对象】菜单命令，可将图像作为智能对象打开。在"图层"面板中，智能对象缩览图的右下角会显示智能对象的图标，如图 5-57 所示。

图 5-57　智能对象

- **置入为智能对象**：选择【文件】/【置入】菜单命令，可将要打开的文件以智能对象的方式置入当前文件中。
- **将图层中的对象创建为智能对象**：在"图层"面板中选择一个或多个图层，然后选择【图层】/【智能对象】/【转换为智能对象图层】菜单命令，可将一个或多个图层转换为智能对象。
- **将 Illustrator 中的图形粘贴为智能对象**：在 Illustrator 中选择一个对象，按【Ctrl+C】组合键复制，切换到 Photoshop CS6 中，按【Ctrl+V】组合键粘贴，在打开的"粘贴"对话框中选择"智能对象"选项，可将矢量图形以智能对象的方式粘贴到图像中。

2. 编辑智能对象

可对智能对象执行以下操作。

- 执行非破坏性变换。因为变换不会影响原始数据，所以可以对图层进行缩放、旋转、透视变换和图层变形等操作，而不会丢失原始图像数据或降低图像品质。
- 可以随时编辑应用于智能对象的滤镜。
- 编辑一个智能对象时，可自动更新其所有的链接实例。
- 应用与智能对象图层链接或未链接的图层蒙版。

但使用智能对象也有相应的限制性，如无法对智能对象图层直接执行可以改变像素数据的操作，除非先将图层栅格化。

课后练习

（1）制作多色金属按钮。通过椭圆选框工具绘制按钮的基本外形，并填充颜色，打开"图层样式"对话框，对按钮应用"斜面和浮雕""渐变叠加"和"投影"等样式，使用钢笔工具绘制按钮中的反光图像，将反光图像转换为选区后填充颜色，最终效果如图 5-58 所示。

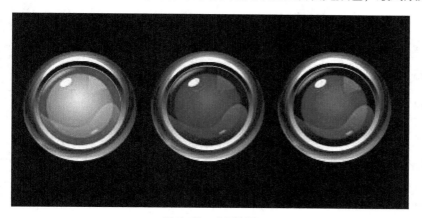

图 5-58　金属按钮

 效果所在位置　效果文件＼项目五＼课后练习＼金属按钮 .psd

（2）制作"特效文字"图像。打开文字素材，进行栅格化处理，对文字应用"外发光"图层样式，然后绘制圆环图像，同样应用"外发光"图层样式，对其进行扭曲等操作，最终效果如图 5-59 所示。

图 5-59　特效文字

 素材所在位置　素材文件＼项目五＼课后练习＼特效文字 .psd

效果所在位置　效果文件＼项目五＼课后练习＼特效文字 .psd

高清彩图

06 项目六
使用文字

情景导入

米拉最近需要使用 Photoshop CS6 设计漂亮的文字来完善毕业设计，于是向老洪请教。老洪告诉米拉除了直接使用文字工具输入文字外，还可以对文字进行排版编辑，如制作变形文字、利用文字与选区的转换编辑文字等，于是米拉开始了与文字设计有关的学习。

学习目标

✔ **掌握制作儿童游玩区示意图的方法。**
如新建文档并输入文字、设置文字格式、变形文字等。

✔ **掌握制作美食画册内页的方法。**
如规划版面、创建文字蒙版、创建段落文字、格式化段落等。

案例展示

▲制作儿童游玩区示意图

▲制作美食画册内页

任务一　制作儿童游玩区示意图

在公共场合通常会有一些示意图，提示人们该区域
的主要功能。可以根据设计需要选择图案，然后在其中
添加文字，详细介绍功能，再对添加的文字做适当的调
整和美化，使示意图更加形象美观。

【任务目标】

使用文字工具制作儿童游玩区示意图。首先输入相
关文字，然后根据需要设置文字格式，并对文字进行适
当变形美化。学习本任务可以掌握 Photoshop CS6 中
文字工具的相关操作。本任务制作完成后的效果如图
6-1 所示。

图 6-1　儿童游玩区示意图

　素材所在位置　素材文件＼项目六＼任务一＼卡通图 .jpg
　　　　　　　　效果所在位置　效果文件＼项目六＼任务一＼儿童游玩区
　　　　　　　　　　　　　　　示意图 .psd

高清彩图

【相关知识】

本任务的制作过程涉及点文字和段落文字的输入等操作，这些操作可通过文字工具组及
其相关工具属性栏来完成。

（一）文字工具类型

Photoshop CS6 的文字工具包括"横排文字工具" T 、"直排文字工具" IT 、"横排文
字蒙版工具" T 和"直排文字蒙版工具" IT ，在工具箱中的"文字工具"按钮 T 上单击鼠
标右键，展开"文字工具"面板，如图 6-2 所示。

图 6-2　文字工具

（二）文字工具属性栏

单击工具箱的"横排文字工具" T ，在文字工具属性栏中可简单设置文字的相关属性，
如图 6-3 所示。各选项的含义如下。

图 6-3　"横排文字工具"属性栏

● **"切换文本取向"按钮** I ：单击该按钮，可以在文字水平排列和垂直排列之间切换。
● 等线 ▪ ：用于选择字体。
● T 29点 ▪ ：用于选择字体的大小，也可直接在文本框中输入字体大小。
● 浑厚 ▪ ：用于选择是否消除字体边缘的锯齿效果，以及用什么方式消除锯齿，包

括锐利、犀利、浑厚、平滑。

● **"对齐方式"按钮**▣▤▤：单击▣按钮可以使文本向左对齐；单击▤按钮，可使文本居中对齐；单击▤按钮，可使文本向右对齐。

● **"设置文本颜色"色块**▆：单击该色块，可打开"拾色器"对话框，设置文本的颜色。

● **"创建文字变形"按钮**工：单击该按钮，可以设置文字的变形效果。

● **"切换字符和段落面板"按钮**▤：单击该按钮，显示或隐藏"字符"和"段落"面板。

（三）认识"字符"面板

使用"字符"面板可以设置文字各项属性。选择【窗口】/【字符】菜单命令，打开图6-4所示的"字符"面板。该面板包含了两个选项卡，"字符"选项卡用于设置字符属性，"段落"选项卡用于设置段落属性。

"字符"选项卡各选项的含义如下。

● Adobe 黑体 ... ▾：用于选择需要的字体。

● ▯T 10 点 ▾：从该下拉列表中选择字体大小或直接输入数值设置字体大小。

● ⌅ (自动) ▾：用于设置行距。

● ⱽA 0 ▾：设置两个字符间的字距。

● ⱽA 0 ▾：可以从该下拉列表中选择字符间距，也可以直接在文本框中输入数值。

图6-4 "字符"面板

● ▯T 100%：设置文本的垂直缩放效果。

● T 100%：设置文本的水平缩放效果。

● A⁺ 0 点：设置基线偏移，设置参数为正值时，向上移动，设置参数为负值时，向下移动。

● **颜色**：单击颜色色块，在打开的"拾色器"对话框中设置文本的颜色。

● T T̄ TT Tᵣ Tˢ T, T F̄ **按钮**：分别用于对文字进行加粗、倾斜、全部转换为大写字母、将大写字母转换成小写字母、设为上标、设为下标、添加下划线、添加删除线等操作。设置时，选中文本，单击相应的按钮即可。

多学一招

选择文字的技巧

如果有时输入的文字过大或过小，可单击工具属性栏中的◎按钮，取消此次输入，然后在工具属性栏中选择合适的文字大小，重新输入文字。

【任务实施】

（一）新建文档并输入文字

新建一个图像文件，然后输入文字，具体操作如下。

（1）选择【文件】/【新建】菜单命令，打开"新建"对话框，在其中设置参数，如图6-5所示，新建图像文件。

（2）打开图像文件"卡通图.jpg"，使用"移动工具"▸⊕将其移动到新建的图像文件中。

微课视频

新建文档并输入文字

（3）按【Ctrl+T】组合键，利用定界框调整图像大小，使其布满整个画面，如图 6-6 所示，
    按【Enter】键确认。

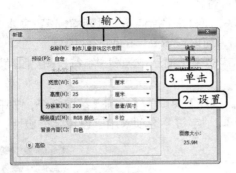

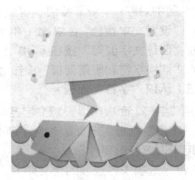

图 6-5　新建图像文件　　　　　　　　　　图 6-6　调整图像大小和位置

（4）在工具箱中选择"横排文字工具" [T.]，在其工具属性栏中的 等线 下拉列表中选择
    "方正稚艺简体"选项。
（5）在 [T. 29点] 下拉列表中选择"80 点"选项，如图 6-7 所示。
（6）单击工具属性栏右侧的色块，打开"拾色器（文本颜色）"对话框，设置文字颜色为蓝
    绿色（R9，G119，B131），如图 6-8 所示。

图 6-7　设置字体和字号　　　　　　　　　图 6-8　设置颜色

（7）将鼠标指针移至图像编辑区域，单击鼠标左键，定位文本插入点，切换到中文输入法，
    输入文字"儿童玩耍区"，如图 6-9 所示。
（8）按【Ctrl+Enter】组合键确认输入，此时在"图层"面板中自动生成文字图层，其名称
    自动更改为输入的文字，如图 6-10 所示。

图 6-9　输入文字　　　　　　　　　图 6-10　"图层"面板

（9）按【Ctrl+T】组合键，适当旋转文字，如图 6-11 所示，再按【Enter】键确认，得到旋

转文字效果，如图 6-12 所示。

图 6-11　旋转文字

图 6-12　图像效果

（二）设置文字格式

文字输入后，还需要对其进行编辑，使文字更具冲击力和吸引力。
设置文字格式的具体操作如下。

（1）在"图层"面板中选择文字图层，然后选择【窗口】/【字符】菜
　　单命令，打开"字符"面板，单击面板下方的"仿粗体"按钮 **T**
　　和"仿斜体"按钮 *T*，如图 6-13 所示，得到文字加粗、倾斜效果，
　　如图 6-14 所示。

图 6-13　设置文字格式

图 6-14　加粗、倾斜效果

（2）选择"横排文字工具" **T**，在文字下方输入文字"请脱鞋进入"，如图 6-15 所示。将
　　指针移到末尾文字右侧，向左拖动鼠标，选择该行文字，如图 6-16 所示。

图 6-15　输入文字

图 6-16　选择文字

（3）在"字符"面板中选择字体为"方正稚艺简体"，字号为"25 点"，单击下方的颜色色块，设置颜色为淡黄色（R255，G251，B201），如图 6-17 所示。最后适当旋转文字，如图 6-18 所示。

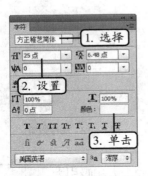

图 6-17　设置文字格式

图 6-18　旋转文字

（三）变形文字

文字基本格式设置完成之后，还需要对文字进行一些细微的变形，使文字效果更突出，具体操作如下。

微课视频

变形文字

（1）选择"横排文字工具" T ，输入文字 "Children's play area"，然后选择文字，在"字符"面板中选择字体为"方正稚艺简体"，字号为"29 点"，颜色为黑色，单击"全部大写字母"按钮，如图 6-19 所示，得到的文字效果如图 6-20 所示。

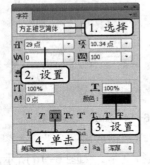

图 6-19　设置文字格式

图 6-20　文字效果

（2）在工具属性栏中单击"创建文字变形"按钮 ，打开"变形文字"对话框。

（3）在"样式"下拉列表中选择"扇形"选项，设置"弯曲"为"+20"%，"水平扭曲"为"0"%，"垂直扭曲"为"0"%，单击 确定 按钮，如图 6-21 所示，得到文字变形效果，如图 6-22 所示。

（4）新建一个图层，选择矩形选框工具在图像中绘制一个细长的矩形，填充淡黄色（R255，G251，B201），然后适当旋转矩形，如图 6-23 所示，完成后保存文件即可。

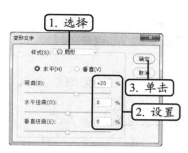

图 6-21　设置变形样式　　　　图 6-22　文字变形效果　　　　图 6-23　绘制矩形

任务二　制作美食画册内页

　　画册主要起到宣传的作用。画册应该真实地反映产品、服务和形象信息等内容。本任务设计美食画册内页，涉及产品字体的设计、版面规划等内容。

【任务目标】

　　使用 Photoshop CS6 的创建和编辑段落文字功能制作美食画册内页，包括规划版面、创建文字蒙版、创建段落文字、格式化段落等操作。通过本任务的学习，用户可以掌握段落文字的创建和编辑的方法。本任务制作完成后的最终效果如图 6-24 所示。

高清彩图

图 6-24　美食画册内页

素材所在位置　素材文件＼项目六＼任务二＼蛋糕 .psd
效果所在位置　效果文件＼项目六＼任务二＼美食画册内页 .psd

【相关知识】

在设置段落文本前，需要先了解"段落"面板中的相关参数，另外，在 Photoshop CS6 中，段落文本与美术字文本之间可以互相转换，且文字模式和竖式方向也能相互转换。

（一）"段落"面板

设置段落文本不仅可以通过文字工具属性栏，还可以通过"段落"面板（见图 6-25）。

图 6-25 "段落"面板

"段落"面板中，各选项的含义如下。

- **"左对齐文本"按钮**：单击此按钮，段落中的所有文本居左对齐。
- **"居中对齐文本"按钮**：单击此按钮，段落中的所有文本居中对齐。
- **"右对齐文本"按钮**：单击此按钮，段落中的所有文本居右对齐。
- **"最后一行左对齐"按钮**：单击此按钮，段落中的最后一行左对齐。
- **"最后一行居中对齐"按钮**：单击此按钮，段落中的最后一行居中对齐。
- **"最后一行右对齐"按钮**：单击此按钮，段落中的最后一行右对齐。
- **"全部对齐"按钮**：单击此按钮，段落中的所有行全部对齐。
- ⁺🔲 0点 ：用于设置所选段落文本左边向内缩进的距离。
- 🔲⁺ 0点 ：用于设置所选段落文本右边向内缩进的距离。
- ⁺🔲 0点 ：用于设置所选段落文本首行缩进的距离。
- 🔲 0点 ：用于设置文本插入点所在段落与前一段落的距离。
- 🔲 0点 ：用于设置文本插入点所在段落与后一段落的距离。
- **连字**：选中该复选框，表示可以将一行文本的最后一个外文单词在换行处拆开形成连字符，剩余的部分自动切换到下一行。

（二）美术字文本与段落文本相互转换

在 Photoshop CS6 中，美术字文本与段落文本之间可以互相转换。在转换之前，需要了解什么是美术字文本和段落文本。

- **美术字文本**：选择文字工具后，直接在图像窗口中单击后输入的文本，称为美术字文本。在输入美术字文本时，文字不会自动换行，一般用于输入少量的文本。
- **段落文本**：选择文字工具后，在图像窗口拖出段落文本框，在文本框中输入的文本就是段落文本。

将美术字文本转换为段落文本的方法很简单，选择美术字文本后，选择【文字】/【转换为段落文本】菜单命令，效果如图 6-26 所示。若要将段落文本转换为美术字文本，则选择【文字】/【转换为点文本】菜单命令，效果如图 6-27 所示。

去年今日此门中，　→　去年今日此门中，　　去年今日此门中，　→　去年今日此门中，
人面桃花相映红。　　　人面桃花相映红。　　　人面桃花相映红。　　　人面桃花相映红。
人面不知何处去，　　　人面不知何处去，　　　人面不知何处去，　　　人面不知何处去，
桃花依旧笑春风。　　　桃花依旧笑春风。　　　桃花依旧笑春风。　　　桃花依旧笑春风。

图 6-26　转换为段落文本　　　　　　　　图 6-27　转换为点文本

将段落文本转换为点文本的注意事项

　　将段落文本转为点文本时，溢出定界框的字符将被删除，因此，为避免文字丢失，应先调整文本定界框，在转换前将文字显示完整。

（三）改变文字方向

　　水平文字和垂直文字之间也可以互相转换，方法是：选择需要改变文字方向的文字后，选择【文字】/【取向】/【水平】或【文字】/【取向】/【垂直】菜单命令，或直接单击工具属性栏中的"更改文字方向"按钮 ，即可转换文字方向，如图 6-28 所示。

去年今日此门中，　　　桃　人　人　去
人面桃花相映红。　→　花　面　面　年
人面不知何处去，　　　依　不　桃　今
桃花依旧笑春风。　　　旧　知　花　日
　　　　　　　　　　　笑　何　相　此
　　　　　　　　　　　春　处　映　门
　　　　　　　　　　　风　去　红　中
　　　　　　　　　　　。　，　，

图 6-28　改变文字方向

（四）文字蒙版工具

　　在工具箱的文字工具组中，还有两个特殊的文字工具，即"横排文字蒙版工具" 和"直排文字蒙版工具" 。这两个文字工具主要用于输入带有蚂蚁线选区的文字，文本输入时，将自动以快速蒙版的形式显示，输入完成后的效果如图 6-29 所示。

图 6-29　蒙版文字

【任务实施】

（一）规划版面

　　在规划版面时，可以先安排好素材图像的位置，然后使用横排文字工具绘制文本定界框，输入文字，具体操作如下。

（1）新建一个图像文件，设置宽度和高度分别为"42 厘米""27 厘米"，选择【视图】/【新建参考线】菜单命令，打开"新建参考线"对

微课视频

规划版面

话框，选中"垂直"单选项，在"位置"文本框中输入"21 厘米"，如图 6-30 所示。

（2）单击 ▢确定▢ 按钮创建参考线，将背景填充粉色（R246，G224，B215），如图 6-31 所示。

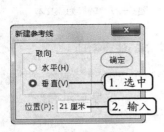

图 6-30　新建参考线

图 6-31　填充背景颜色

（3）打开"蛋糕 .psd"图像文件，使用移动工具将两个蛋糕图像分别拖曳到画册两边，如图 6-32 所示。

（4）新建一个图层，选择矩形选框工具，在左侧蛋糕图像中绘制一个矩形选区，如图 6-33 所示。

图 6-32　添加素材图像

图 6-33　绘制选区

（5）选择【编辑】/【描边】菜单命令，打开"描边"对话框，设置描边宽度为"1 像素"，颜色为灰色，"位置"为"居外"，如图 6-34 所示。

（6）单击 ▢确定▢ 按钮得到描边图像，使用矩形选框工具框选左上方的描边图像，按【Delete】键删除图像，以便后期输入文字，如图 6-35 所示。

图 6-34　添加描边

图 6-35　删除图像

（7）选择矩形选框工具，在画面右下方绘制一个矩形选区，填充橘粉色（R241，G199，B184），如图 6-36 所示。

（8）选择矩形工具，在属性栏中选择工具模式为"形状"，颜色为"白色"，描边为"黑色"，在画面左侧绘制一个描边矩形，在"图层"面板中设置透明度为"51%"，如图6-37所示。

图6-36　绘制矩形

图6-37　绘制透明描边矩形

（二）创建文字蒙版

创建文字蒙版可以直接获取文字选区，并得到普通图层，具体操作如下。

微课视频
创建文字蒙版

（1）选择"直排文字蒙版工具"，在左侧页面中的矩形上单击定位文本插入点，此时，图像自动添加一个红色透明的快速蒙版，输入文字"CAKE"，如图6-38所示。

（2）选择输入的文字，在工具属性栏中设置字符格式为"方正兰亭中黑简体、72点"，按【Ctrl+Enter】组合键确认设置，即可创建该文字选区，效果如图6-39所示。

（3）新建一个图层，设置前景色为黑色，填充选区，并取消选择选区。

图6-38　文字蒙版

图6-39　得到文字选区

（三）创建段落文字

画册中的文本内容一般较多，需要使用"横排文字工具"绘制文本定界框，然后输入文字，具体操作如下。

微课视频
创建段落文字

（1）在工具箱中选择"横排文字工具"，在图像右下方拖曳鼠标绘制文本定界框，如图6-40所示。

（2）在绘制的文本定界框中输入图6-41所示的文本。

（3）按【Ctrl+Enter】组合键确认输入。

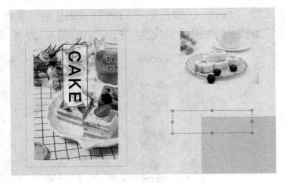

图 6-40　绘制文本定界框

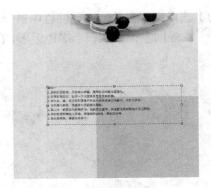

图 6-41　输入段落文本

使用快捷键切换文字工具

按【T】键可以快速在工具箱中选择文字工具，按【Shift+T】组合键可在文字工具组的 4 个文字工具之间来回切换。

（4）利用相同的方法在该段文字下方再绘制一个文本定界框，并输入如图 6-42 所示的文本。

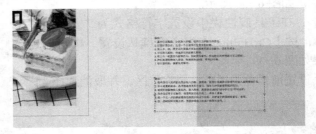

图 6-42　再次绘制文本定界框并输入文本

（四）格式化段落

输入段落文本后，还需要对这些文本内容进行美化，使整个界面看上去雅致、美观，具体操作如下。

（1）将光标插入第一个文本定界框末尾处，拖曳鼠标选择整个段落文本，在"字符"面板中设置字体为"方正大标宋简体"，大小为"10点"，行距为"12 点"，颜色为黑色，如图 6-43 所示。

微课视频

格式化段落

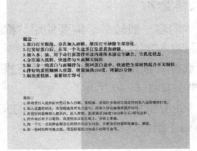

图 6-43　设置字符格式

（2）选择第一行文字，在属性栏中设置字体为"方正大黑简体"，大小为"12 点"。

（3）将光标插入文字"做法一"末尾处，打开"段落"面板，设置段后添加空格为"8 点"，如图 6-44 所示。

图 6-44　添加段后空格的效果

选择文字的技巧

在文字输入状态下，单击 3 次鼠标可选择一行文字，单击 4 次鼠标可选择整段文字，按【Ctrl+A】组合键可选择全部文字。

（4）拖曳鼠标选择第一个文本定界框中的其他文字，如图 6-45 所示。

（5）在"段落"面板中设置左缩进为"15 点"，得到段前空格文字排列效果，如图 6-46 所示。

图 6-45　选择其他文字　　　　　　　图 6-46　设置段落格式后的效果

显示文本定界框的所有文字

当输入的文本充满文本定界框后，文本定界框以外的文本将不能显示，此时，文本定界框右下角出现⊞标记，将鼠标指针移动到文本定界框四周的控制点上，拖曳控制点调整文本定界框的大小，文字即可全部显示。

（6）选择第二个段落的文字，使用相同的方法，设置字符格式和段落格式，得到相同的文字效果，如图 6-47 所示。

（7）选择横排文字工具，在段落文字上方输入文字"美味蛋糕卷""Our favorite delicacy"，选择中文文字，在"字符"面板中设置字体为"方正兰亭黑体"，字号为"40 点"，颜色为黑色，单击"仿粗体"按钮，得到加粗文字效果。再选择英文文字，在"字符"面板中设置字体为"方正兰亭黑 _GBK"，字号为"25 点"，颜色为黑色，单击"全部大写字母"按钮，文字效果如图 6-48 所示。

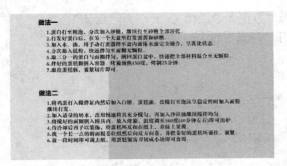

图 6-47　设置第二个段落文字

图 6-48　输入文字并设置字符格式

（8）选择横排文字工具，在画册左上方的描边矩形缺口处输入文字"暖暖的陪伴"，在"字符"面板中设置字体为"方正兰亭纤黑体"，字号为"15 点"，颜色为灰色，效果如图 6-49 所示。

图 6-49　输入文字

（9）选择直线工具，在图像的上方绘制一条黑色直线，选择横排文字工具，输入文字 "DELICIOUS FOOD"，在"字符"面板中设置字体为"黑体"，行距为"12 点"，大小为"8 点"，颜色为黑色，将文字放到画册左上方，然后复制几次该文字，适当调整其大小和方向，放到画册周围，完成本实例的制作，效果如图 6-50 所示。

图 6-50　完成效果

实训一　制作"怀旧往事"明信片

【实训要求】

制作一张唯美的明信片，要求在其中输入较多的文字，且文字的排列有序、美观大方。

微课视频

制作"怀旧往事"明信片

【实训思路】

选择一幅唯美的背景图像，使用文字工具创建文本框，在其中输入段落文字，在属性栏中设置文字属性，最后输入美术字文字，并适当调整文字大小。参考效果如图 6-51 所示。

图 6-51 "怀旧往事"明信片

高清彩图

素材所在位置 素材文件＼项目六＼实训一＼唯美背景 .jpg
效果所在位置 效果文件＼项目六＼实训一＼怀旧往事 .psd

【步骤提示】

（1）选择【文件】/【打开】菜单命令，打开"唯美背景 .jpg"图像文件。

（2）选择工具箱中的"横排文字工具" **T**，在图像中拖动鼠标，创建一个文本框，在其中输入文字。

（3）分别选择第一行和第二行文字，在工具属性栏中设置不同的字体和大小，然后打开"段落"面板，调整左缩进为"3 点"。

（4）在段落文字上方输入几个美术字文字，在属性栏中设置字体为"方正水柱简体"，分别调整文字大小和距离。

（5）最后输入一行英文文字，在工具属性栏中设置合适的字体，并填充灰色。

实训二　制作个人名片

微课视频

制作个人名片

【实训要求】

制作一张美观、实用的个人名片。名片的主要内容包括名片持有者的姓名、职业、工作单位和联络方式等个人信息。名片通常代表个人形象和公司形象，在设计上要讲究实用性和信息传递性。

【实训思路】

　　由于个人名片的性质较特殊，因此，需要将公司标志添加到名片中，然后添加其他文字信息，完成效果如图 6-52 所示。

素材所在位置	素 材 文 件 \ 项 目 六 \ 实训二 \ 背景 .jpg、水墨 .psd
效果所在位置	效 果 文 件 \ 项 目 六 \ 实训二 \ 名片 .psd

图 6-52　名片效果

【步骤提示】

（1）新建一个名为"名片 .psd"的图像文件，设置前景色为淡蓝色（R234，G239，B244），按【Alt+Delete】组合键填充背景。

（2）打开"水墨 .psd"图像文件，使用"移动工具"▶╋分别将素材图像中的多个图像拖动到当前编辑的图像中，适当调整图像大小和位置。

高清彩图

（3）选择"橡皮擦工具"✐，适当擦除水墨图像，让水墨图像融入得更加自然。

（4）选择工具箱中的"横排文字工具"Ｔ，输入人物名称，在工具属性栏中设置字体为"方正行楷简体"，颜色为黑色，适当调整文字大小。

（5）继续输入其他文字，分别在工具属性栏中设置合适的字体。

常见疑难解析

问：怎样为文字边缘填充颜色？

　　答：为文字边缘填充颜色，可以使用【描边】命令，也可以使用描边图层样式制作描边效果。

问：怎样在 Photoshop CS6 中添加新的字体？

　　答：因为 Photoshop CS6 使用的是 Windows 系统的字体，所以在操作系统中安装新字体后，Photoshop CS6 会自动获取字体。

拓展知识

　　除了通过"字符"面板和"段落"面板来编排文字外，还可以通过菜单命令来编排文字。

●　**查找和替换**：Photoshop CS6 可以查找当前文本中需要修改的文字、单词、标点和字符，并将其替换为所需的内容。选择【编辑】/【查找和替换文本】菜单命令，打开"查找和替换文本"对话框，如图 6-53 所示。在"查找内容"文本框中输入需要替换的内容，在"更改为"文本框中输入修改后的内容，单击 查找下一个(I) 按钮，开始查找，单击 更改全部(A) 按钮，即可全部替换为需要的内容。

● **将文字转换为形状**：选择【文字】/【转换为形状】菜单命令，即可将输入的文字转换为具有路径的形状图层，如图 6-54 所示。

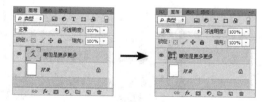

图 6-53 "查找和替换文本"对话框   图 6-54 转换为形状

● **更新所有文字图层**：若打开的图像中带有其他矢量文字，可选择【文字】/【更新所有文字图层】菜单命令，更新当前图像文件中所有文字图层的属性。

● **替换所有欠缺字体**：若打开的图像文件中使用了本地计算机中没有的字体，则会提示图像文件缺字体，此时，可选择【文字】/【替换所有欠缺字体】菜单命令，将文档中欠缺的字体替换成当前系统中安装的字体。

● **将文字转换为工作路径**：选择【文字】/【创建工作路径】菜单命令，将输入的文字转换为路径，可对其进行填充或描边操作，或通过改变锚点得到变形文字。

栅格化文字的注意事项

对文字进行栅格化操作后，即可将文字图层转换为普通图层，但需要注意，文字栅格化后，不能再设置文字属性，因此，在栅格化文字前需要将文字设置好。

课后练习

（1）将图 6-55 所示的图像制作成折扇扇面并添加变形文字效果，完成后的参考效果如图 6-56 所示。

高清彩图

图 6-55 素材图像   图 6-56 "折扇"效果

素材所在位置　素材文件＼项目六＼课后练习＼国画 .jpg
效果所在位置　效果文件＼项目六＼课后练习＼折扇 .psd

（2）制作公益广告标语，效果如图 6-57 所示。需在"字符"面板中设置文字属性，包括文字大小、字体和文字间距等。

图 6-57 "公益广告"效果

素材所在位置	素材文件\项目六\课后练习\绿叶 .jpg
效果所在位置	效果文件\项目六\课后练习\公益广告 .psd

（3）制作楼盘报纸宣传广告。广告画面除了需要展现楼盘的意境图像外，还应该对楼盘进行文字宣传介绍，这需要对文字进行排版，让文字和图像更好地结合起来，起到相辅相成的作用，效果如图 6-58 所示。

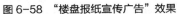

图 6-58 "楼盘报纸宣传广告"效果

素材所在位置	素材文件\项目六\课后练习\报纸广告\风景 .jpg、楼盘 .psd、地图 .psd、标志 .psd
效果所在位置	效果文件\项目六\课后练习\报纸广告 .psd

07 项目七
通道与蒙版

情景导入

米拉最近在处理图像时遇到了困难，她始终无法通过编辑使两个素材的边缘平滑地过渡，于是老洪告诉她，可以使用通道和蒙版功能。Photoshop CS6 中的通道不仅可以用来抠取图像，还可以用来制作图像特效，蒙版则可以将多张图像合成。米拉这时才知道，原来 Photoshop CS6 还有这么多知识需要学习。

学习目标

✔ 掌握调整"人像"图像的方法。

如分离图像通道、合并通道、复制通道、计算通道等。

✔ 掌握合成"瓶中的风景"图像的方法。

如添加图层蒙版、创建剪贴蒙版等。

案例展示

▲ "人像"图像的修饰

▲ 合成"瓶中的风景"

任务一　调整"人像"图像

使用通道调整图像颜色是 Photoshop CS6 中常用的图像色调调整方法，通常用于处理特殊的色调。除此之外，通道还能对人物进行磨皮处理，下面将为图像调出小清新色调，并为人物磨皮。

【任务目标】

练习使用 Photoshop CS6 的通道功能调整图像颜色和效果，主要使用分离通道和合并通道这两种方法调整图像色调，然后通过【计算】菜单命令对人物进行磨皮处理，使人物皮肤光滑。通过本任务的学习，用户可以掌握通道及其相关功能的使用方法。本任务制作完成后的最终效果如图 7-1 所示。

图 7-1　"人像"图像

 素材所在位置　素材文件 \ 项目七 \ 任务一 \ 人像 .jpg
效果所在位置　效果文件 \ 项目七 \ 任务一 \ 人像 .psd

高清彩图

【相关知识】

通道是存储不同类型信息的灰度图像，这些信息通常都与选区有直接的关系，因此对通道的应用实质就是对选区的应用。利用通道可以将图像调整出多种风格的效果，了解通道的作用类型、"通道"面板、颜色通道与色彩关系等知识非常必要。

（一）认识通道

在 Photoshop CS6 中打开或创建一个新的图层文件，"通道"面板将自动创建颜色信息通道。通道的功能根据其所属类型的不同而不同，"通道"面板中列出了图像的所有通道。通道主要有两种作用：一种是保存和调整图像的颜色信息，另一种是保存选定的范围。

RGB 模式的图像有 3 个默认的颜色通道，红色通道用于保存红色信息，绿色通道用于保存绿色信息，蓝色通道用于保存蓝色信息，如图 7-2 所示。CMYK 通道是一个复合通道，用于显示所有的颜色信息，CMYK 模式的图像包含 4 个通道，分别是青色（C）、洋红（M）、黄色（Y）、黑色（K），如图 7-3 所示。

图 7-2　RGB 通道　　　　图 7-3　CMYK 通道

（二）通道的类型

Photoshop CS6 的通道主要有默认的"Alpha"通道和"专色"通道两种。

1. "Alpha"通道

在"通道"面板中创建一个新的通道，称为"Alpha"通道。用户可以创建"Alpha"

通道来保存和编辑图像选区，创建"Alpha"通道后，还可以根据需要使用工具或命令对其进行编辑，然后载入通道中的选区。创建"Alpha"通道主要有以下 3 种方法。

● 单击"通道"面板中的"创建新通道"按钮 。
● 单击"通道"面板右上角的 按钮，在打开的下拉列表中选择"新建通道"选项，打开图 7-4 所示的对话框，单击 确定 按钮即可创建一个"Alpha"通道。
● 创建一个选区，选择【选择】/【存储选区】菜单命令，打开"存储选区"对话框，如图 7-5 所示，设置名称后单击"确定"按钮，即可创建以该名称命名的"Alpha"通道。

图 7-4 "新建通道"对话框

图 7-5 "存储选区"对话框

2."专色"通道

专色是指除 CMYK 模式以外的颜色。如果要印刷带有专色的图像，则需在图像中创建一个存储这种颜色的"专色"通道。

单击"通道"面板右上角的 按钮，在打开的下拉列表中选择"新建专色通道"选项。在打开的对话框中输入新通道的名称后，单击 确定 按钮，即可得到新建的"专色"通道。

（三）"通道"面板

在默认情况下，"通道"面板、"图层"面板和"路径"面板在同一组面板中，可以直接单击"通道"标签，打开"通道"面板，如图 7-6 所示。其中各选项的含义如下。

图 7-6 "通道"面板

● **"将通道作为选区载入"按钮** ：单击该按钮可以将当前通道中的图像内容转换为选区。它与选择【选择】/【载入选区】菜单命令的作用一样。
● **"将选区存储为通道"按钮** ：单击该按钮可以自动创建"Alpha"通道，并自动保存图像中的选区。它与选择【选择】/【存储选区】菜单命令的作用一样。
● **"创建新通道"按钮** ：单击该按钮可以创建新的"Alpha"通道。
● **"删除当前通道"按钮** ：单击该按钮可以删除选择的通道。
● **"面板选项"按钮** ：单击该按钮可打开下拉列表，其中包含对当前通道的部分选项。

【任务实施】

（一）分离图像通道

在使用通道调整人像图像时，需分别设置各个通道，才能有针对性地处理人像的问题，具体操作如下。

（1）打开"人像.jpg"图像文件，如图 7-7 所示。

微课视频

分离图像通道

（2）单击"通道"面板右上角的 按钮，在打开的下拉列表中选择"分离通道"选项，如图7-8
所示。

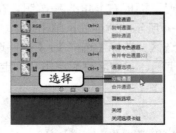

图7-7 "人像"图像　　　　图7-8 选择"分离通道"选项

（3）此时图像将按每个颜色通道分离，且每个通道分别以单独的图像窗口显示，如图7-9
所示。

图7-9 分离通道

（4）切换到"人像.jpg_红"图像窗口，选择【图像】/【调整】/【曲线】菜单命令，打开"曲
线"对话框。

（5）在曲线上单击插入控制点，然后拖动曲线弧度调整曲线，单击 确定 按钮，如图7-10
所示。

（6）切换到"人像.jpg_绿"图像窗口，选择【图像】/【调整】/【色阶】菜单命令，打开"色
阶"对话框，在其中拖动滑块调整颜色，单击 确定 按钮，如图7-11所示。

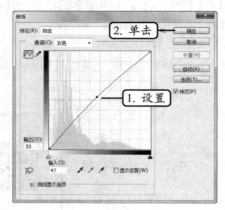
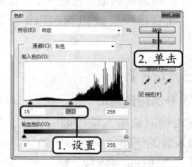

图7-10 调整曲线　　　　　　　　图7-11 调整色阶

（7）切换到"人像.jpg_蓝"图像窗口，选择【图像】/【调整】/【曲线】菜单命令，打开"曲线"对话框，在其中拖动曲线调整颜色，单击 确定 按钮，如图7-12所示。

（8）返回"人像.jpg_蓝"图像窗口，效果如图7-13所示。

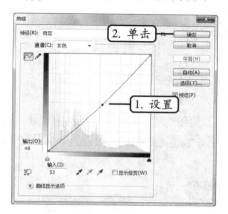

图7-12 调整曲线

图7-13 调整曲线后的效果

（二）合并通道

在完成对红、绿、蓝通道的调整后，可将这3个分离的通道图像合并成完整的图像，具体操作如下。

（1）单击"通道"面板右上角的 ▼≡ 按钮，在打开的下拉列表中选择"合并通道"选项，打开"合并通道"对话框，在"模式"下拉列表中选择"RGB颜色"选项，单击 确定 按钮，如图7-14所示。

（2）打开"合并RGB通道"对话框，保持默认设置，单击 确定 按钮，如图7-15所示。

（3）合并通道后的效果如图7-16所示。

图7-14 选择合并通道模式

图7-15 设置合并通道

图7-16 合并通道后的效果

（三）复制通道

图像的整个色调已基本确定，现在利用通道对人物进行磨皮，使人物的皮肤变得光滑，具体操作如下。

（1）切换到"通道"面板，在其中选择"绿"通道，将其拖曳到面板底部的"新建通道"按钮 ▢ 上，复制通道，如图7-17所示。

图 7-17　复制通道

（2）选择【滤镜】/【其它】/【高反差保留】菜单命令，打开"高反差保留"对话框，在"半径"文本框中输入"20"像素，单击 [确定] 按钮，应用设置，如图 7-18 所示。效果如图 7-19 所示。

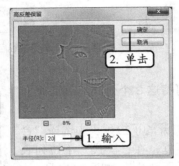

图 7-18　设置高反差保留半径　　　图 7-19　使用滤镜后的效果

（四）计算通道

下面使用【计算】菜单命令强化图像中的色点，以美化人物皮肤，具体操作如下。

微课视频
计算通道

（1）保持"绿副本"通道被选中，选择【图像】/【计算】菜单命令，打开"计算"对话框，选择"混合"下拉列表中的"强光"选项，选择"结果"下拉列表中的"新建通道"选项，单击 [确定] 按钮，应用设置，如图 7-20 所示。

（2）新建的通道将自动命名为"Alpha1"通道，如图 7-21 所示。

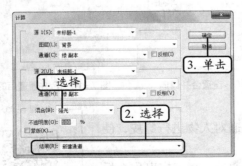

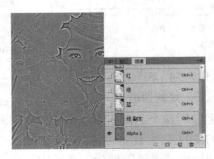

图 7-20　"计算"对话框　　　　　　图 7-21　新建通道

（3）利用相同的方法执行两次【计算】菜单命令，强化色点，得到"Alpha2"和"Alpha3"通道，如图7-22所示。

（4）单击"通道"面板底部的"将通道作为选区载入"按钮 ，载入选区，如图7-23所示。

图7-22　多次应用【计算】菜单命令　　　图7-23　将通道载入选区

（5）按【Ctrl+2】组合键返回彩色图像编辑状态，按【Ctrl+Shift+I】组合键反选选区，然后按【Ctrl+H】组合键快速隐藏选区，以便于更好地观察图像变化，效果如图7-24所示。

（6）选择【图像】/【调整】/【曲线】菜单命令，打开"曲线"对话框，按图7-25所示的参数调整曲线。

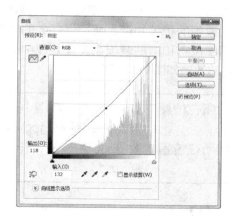

图7-24　隐藏选区效果　　　　　　图7-25　调整曲线

切换至彩色图像编辑状态

多学一招

在"通道"面板中单击RGB通道，可返回彩色图像编辑状态，若只单击RGB通道前的 👁 按钮，则显示彩色图像，但图像仍然处于单通道编辑状态。

（7）调整曲线后，人物的皮肤将变得光滑，效果如图7-26所示。

（8）返回"图层"面板，将"背景"图层拖动到面板下方的"创建新图层"按钮 上进行复制，设置复制图层的混合模式为"滤色"，不透明度为"65%"，设置完成的最终效果如图7-27所示。

　　　图 7-26　调整曲线后的效果　　　　　图 7-27　设置图层混合模式与不透明度的效果

任务二　合成"瓶中的风景"图像

　　蒙版是人像处理和图像合成处理必不可少的一项设置，使用蒙版可以在不损坏源图像的情况下，编辑图像效果，并在之后能通过编辑蒙版调整图像效果。

【任务目标】

　　练习使用 Photoshop CS6 的蒙版功能合成图像，主要用到图层蒙版和剪贴蒙版的相关知识。通过本任务的学习，用户可以掌握图层蒙版抠图技巧和剪贴蒙版在图像处理中的使用方法。本任务制作完成后的效果如图 7-28 所示。

素材所在位置	素材文件 \ 项目七 \ 任务二 \ 玻璃瓶 .jpg、照片 .jpg\ 风景 .jpg
效果所在位置	效果文件 \ 项目七 \ 任务二 \ 瓶中照 .psd

图 7-28　"瓶中的风景"图像

【相关知识】

　　在使用蒙版制作图像前，应先了解蒙版的类型和作用，以及蒙版与选区之间的关系。

（一）蒙版的类型与作用

　　蒙版是指控制照片不同区域曝光程度的传统暗房技术，但 Photoshop CS6 中的蒙版与曝光无关，它只是借鉴了这一概念，用于处理局部图像，特别利于抠取和合成图像，下面介绍蒙版的类型与作用。

高清彩图

1. 蒙版的类型

　　Photoshop CS6 提供了图层蒙版、剪贴蒙版、矢量蒙版和快速蒙版，下面分别进行介绍。

　　● **图层蒙版**：通过蒙版中的灰度信息来控制图像的显示区域，可用于合成图像，也可控制填充图层、调整图层、智能滤镜的有效范围等。

- **剪贴蒙版**：通过一个对象的形状来控制其他图层的显示区域。
- **矢量蒙版**：通过路径和矢量形状来控制图像的显示区域。
- **快速蒙版**：在工具箱中单击"以快速蒙版模式编辑"按钮 ▣，进入快速蒙版编辑模式，在图像中使用画笔工具进行绘制，即可选择蒙版区域。

2. **蒙版的作用**

蒙版会对图像产生类似遮罩的作用，因此，蒙版是图像合成不可缺少的技术。创建不同的蒙版会有不同的作用和效果。

- **图层蒙版**：通过蒙版中的黑白灰显示控制图像的显示范围。
- **剪贴蒙版**：一般是通过图层与图层之间的关系，控制图像的区域与效果，可进行一对一或一对多的遮罩。
- **矢量蒙版**：通过矢量图形控制图像显示，可与图层蒙版同时应用于图像。
- **快速蒙版**：主要用于创建选择区域，即通过对图像中某一部分的遮罩来制作精确的选区。

蒙版作用的形象解读

可以将蒙版看作是一块玻璃，当玻璃呈白色时，其完全不透明，不能看到蒙版下面的图像；当玻璃呈黑色时，其完全透明，可以清楚地看到蒙版下面的图像；当玻璃呈灰色时，其处于半透明状态，可以模糊地看到下面的图像。

（二）"蒙版"属性面板

"蒙版"属性面板用于调整所选图层中图层蒙版和矢量蒙版的不透明度和羽化范围，为图层添加蒙版后，自动打开相应的"蒙版"属性面板，如图 7-29 所示。

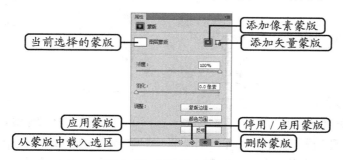

图 7-29 "蒙版"属性面板

"蒙版"属性面板中，相关选项的含义如下。

- **当前选择的蒙版**：显示了在"图层"面板中选择蒙版的类型，选择蒙版后，可在"蒙版"面板中对其进行编辑。
- **"添加像素蒙版"按钮** ▣：单击该按钮，可以为当前图层添加一个图层蒙版。
- **"添加矢量蒙版"按钮** ▫：单击该按钮，可以添加矢量蒙版。
- **浓度**：拖动滑块可调整蒙版的不透明度，即蒙版的遮盖强度。
- **蒙版边缘...** **按钮**：单击该按钮，在打开的"调整蒙版"对话框中可以修改蒙版边缘参数，并在不同的背景下查看蒙版。

- 颜色范围... **按钮**：单击该按钮，打开"色彩范围"对话框，此时可通过在图像中取样并调整颜色容差来修改蒙版范围。
- 反相 **按钮**：单击此按钮，可以翻转蒙版的遮盖区域。
- **"从蒙版中载入选区"按钮**：单击该按钮，可以载入蒙版中包含的选区。
- **"应用蒙版"按钮**：单击该按钮，可以将蒙版应用到图像中，同时删除被蒙版遮盖的图像部分。
- **"停用／启用蒙版"按钮**：单击该按钮，或按住【Shift】键单击蒙版的缩略图，可停用或重新启用蒙版，停用蒙版时，蒙版缩略图会出现一个红色的"×"按钮。
- **"删除蒙版"按钮**：单击该按钮，可删除当前蒙版，将蒙版缩略图拖到"图层"面板底部的"删除"按钮上，也可将其删除。

【任务实施】

（一）添加图层蒙版

在合成"瓶中照"图像前，需要处理"玻璃瓶 .jpg"图像文件，使其呈半透明，下面通过图层蒙版来抠取透明的玻璃瓶图像，使图像边缘过渡平缓，具体操作如下。

（1）打开"玻璃瓶 .jpg"图像文件，双击"图层"面板中的背景图层，弹出"新建图层"对话框，如图 7-30 所示，保持默认设置，单击 确定 按钮，将背景图层转换为普通图层，如图 7-31 所示。

图 7-30 "新建图层"对话框　　　　　　　　　图 7-31 转换图层

（2）选择"魔棒工具"，在工具属性栏中设置"容差"为"50"，单击白色背景图像获取选区，然后按【Delete】键删除选区，并删除背景图像，如图 7-32 所示。
（3）选择"橡皮擦工具"，擦除瓶底残留的阴影图像，如图 7-33 所示。
（4）单击"图层"面板底部的"添加图层蒙版"按钮，为其添加一个图层蒙版，如图 7-34 所示。
（5）选择"画笔工具"，在工具属性栏中设置画笔样式为"柔角"，大小为"300 像素"，不透明度为"70%"，如图 7-35 所示，在瓶子中涂抹，在操作过程中，可以适当缩小画笔和调整不透明度参数，隐藏部分图像，效果如图 7-36 所示。

图 7-32　删除背景图像

图 7-33　擦除图像

图 7-34　添加图层蒙版

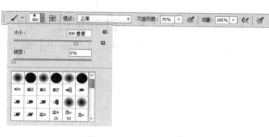

图 7-35　设置画笔属性

图 7-36　图层蒙版效果

（二）创建剪贴蒙版

下面为图像创建剪贴蒙版，制作瓶子中的图像效果，具体操作如下。

（1）打开"背景.jpg"图像文件，选择"移动工具" ，将抠取出来的玻璃瓶拖曳到画面中间，如图 7-37 所示。

（2）打开"风景.jpg"图像文件，使用移动工具将其拖曳到"背景"图像文件中，并在"图层"面板中设置图层混合模式为"正片叠底"，如图 7-38 所示。

微课视频

创建剪贴蒙版

图 7-37　移动图像

图 7-38　添加素材图像

（3）选择【图层】/【创建剪贴蒙版】菜单命令或按【Ctrl+Alt+G】组合键，将风景图像与玻璃瓶图像创建为一个剪贴蒙版，效果如图7-39所示。

（4）按【Ctrl+J】组合键复制一次图层，得到"图层2副本"，如图7-40所示。

图7-39　创建剪贴蒙版　　　　　　　　　　图7-40　复制图层

（5）选择"图层2副本"，设置其图层混合模式为"正常"，按住【Ctrl】键单击"图层1"，载入玻璃瓶图像选区，然后按【Shift+Ctrl+I】组合键反选选区，再按【Delete】键删除选区中的图像，效果如图7-41所示。

（6）为"图层2副本"图层添加图层蒙版，使用"画笔工具"涂抹图像边缘，隐藏部分图像，效果如图7-42所示。

图7-41　删除图像　　　　　　　　　　　图7-42　添加图层蒙版

（7）选择"图层1"，按【Ctrl+J】组合键复制图层，并将其调整至最顶层，设置图层混合模式为"叠加"，得到更加通透的玻璃瓶效果，如图7-43所示，完成本实例的制作。

图7-43　复制并调整图层混合模式

实训一　使用通道校正图像颜色

【实训要求】

校正素材图像颜色。

【实训思路】

观察"风景.jpg"素材图像的偏色情况，然后在"通道"面板选择正确的通道进行操作，再通过"曲线"对话框校正图像。校正图像颜色前后效果对比如图7-44所示。

图7-44　校正图像颜色前后效果对比

 素材所在位置　素材文件\项目七\实训二\风景.jpg
效果所在位置　效果文件\项目七\实训二\校正图像颜色.jpg

高清彩图

微课视频

使用通道校正图像颜色

【步骤提示】

（1）打开"风景.jpg"图像文件，按【Ctrl+J】组合键复制一次背景图层，得到"图层1"。
（2）切换到"通道"面板，选择红通道。
（3）选择【图像】/【调整】/【曲线】菜单命令，打开"曲线"对话框，在曲线中间添加节点并向上拖动该节点，增加红色的亮度。
（4）单击 确定 按钮，图像颜色将得到一些校正。
（5）选择蓝通道，再次打开"曲线"对话框，调整曲线，增加蓝色通道亮度。
（6）单击 确定 按钮，得到校正后的图像效果。

实训二　制作"海市蜃楼"效果

【实训要求】

制作"海市蜃楼"图像效果，主要通过图层蒙版功能制作出朦胧的楼房图像效果，如图7-45所示。

【实训思路】

　　将两张素材图像融合，将其中的楼房图像通过图层蒙版自然地融入沙漠图像中，得到海市蜃楼图像效果。制作时，可以先简单调整图像的色调，再合成图像。

高清彩图

图 7-45　海市蜃楼

素材所在位置	素材文件＼项目七＼实训一＼城市风光 .psd、沙漠 .psd
效果所在位置	效果文件＼项目七＼实训一＼海市蜃楼 .psd

【步骤提示】

（1）打开图像文件"城市风光 .psd"和"沙漠 .psd"，选择"城市风光"图像，使用"移动工具" ，将其拖到"沙漠"图像中，"图层"面板自动生成"图层 1"。

（2）适当调整"城市风光"图像的大小，选择【图像】/【调整】/【亮度 / 对比度】菜单命令，打开"亮度 / 对比度"对话框，调整"亮度"为"12"。

（3）单击"图层"面板底部的"添加图层蒙版"按钮 ，使用画笔工具涂抹楼房图像周围，隐藏部分图像。

（4）设置"图层 1"的图层混合模式为"线性加深"，不透明度为"34%"，即可得到"海市蜃楼"效果。

微课视频

制作"海市蜃楼"效果

常见疑难解析

　　问：如何快速选择通道？

　　答：在设计过程中，为了提高工作效率，常常使用快捷键来选择通道，如按【Ctrl+3】组合键可以选择红通道；按【Ctrl+4】组合键可以选择绿通道；按【Ctrl+5】组合键可以选择蓝通道；按【Ctrl+6】组合键可以选择蓝通道下面的通道；按【Ctrl+2】组合键可以快速返回 RGB 通道。

　　问：存储包含"Alpha"通道的图像会占用较多的磁盘空间，有什么解决办法？

　　答：完成图像制作后，可以删除不需要的"Alpha"通道，从而节约空间。

　　问：为什么添加了图层蒙版，并对蒙版进行编辑后，图像效果未发生变化？

　　答：可能是没有选中蒙版。添加蒙版后，蒙版缩略图外侧四角会有一个边框，它表示蒙版处于选中状态，此时所有的操作都将应用于蒙版，若要应用于图像，则需要单击图像缩略图，并确认未选中蒙版。

问：【应用图像】菜单命令与【计算】菜单命令有什么区别？

答：执行【应用图像】菜单命令需要先选择要混合的目标通道，之后再打开"应用图像"对话框指定参数与混合通道，【计算】菜单命令则不会受到这种限制，打开"计算"对话框后，可以指定任意目标通道。所以，【计算】菜单命令相比【应用图像】菜单命令更加灵活，但对同一个通道进行多次混合时，使用【应用图像】菜单命令操作会更加方便。

拓展知识

添加图层蒙版后，若不需要图层蒙版，将其停用即可，并不一定需要将图层蒙版删除，想再次使用蒙版效果，将其启用即可。下面介绍图层蒙版的停用、应用和删除操作。

- **停用图层蒙版**：在"图层"面板中的蒙版缩略图上单击鼠标右键，在弹出的快捷菜单中选择【停用图层蒙版】命令，如图 7-46 所示，可以将图像恢复为原始状态，但蒙版仍保留在"图层"面板中，蒙版缩略图上出现一个红色的"×"标记，如图 7-47 所示。

图 7-46 选择【停用图层蒙版】命令　　　图 7-47 停用图层蒙版

- **应用图层蒙版**：用鼠标右键单击蒙版缩略图，在弹出的快捷菜单中选择【应用图层蒙版】命令，可以应用添加的图层蒙版。
- **删除图层蒙版**：用鼠标右键单击蒙版缩略图，在弹出的快捷菜单中选择【删除图层蒙版】命令，即可删除图层蒙版。

课后练习

（1）将图 7-48 所示的"大树 .jpg"素材图像中的大树抠取出来，如图 7-49 所示。选择图像中的一个颜色通道，调整该颜色通道图像的曲线，得到图像效果。通过该练习，用户可以掌握编辑通道的方法。

高清彩图

图 7-48 素材图像　　　　　图 7-49 图像效果

素材所在位置　素材文件＼项目七＼课后练习＼大树 .jpg
效果所在位置　效果文件＼项目七＼课后练习＼大树 .psd

（2）制作旋转图像效果，让原本单一的图像具有奇特的效果。打开"荷花.jpg"图像文件，如图 7-50 所示，在图像中创建椭圆选区，然后添加快速蒙版，对荷花图像应用"高斯模糊"和"旋转扭曲"等滤镜，得到的图像效果如图 7-51 所示。

高清彩图

　　图 7-50　素材图像　　　　　　　　　图 7-51　旋转图像效果

素材所在位置　素材文件＼项目七＼课后练习＼荷花 .jpg
效果所在位置　效果文件＼项目七＼课后练习＼影荷花 .psd

（3）利用提供的"照片 2.jpg"和"瓶子 .jpg"图像文件，合成"瓶中图像"效果，完成后的参考效果如图 7-52 所示。

高清彩图

图 7-52　"瓶中图像"效果

素材所在位置　素材文件＼项目七＼课后练习＼照片 2.jpg、瓶子 .jpg
效果所在位置　效果文件＼项目七＼课后练习＼瓶中图像 .psd

08 项目八 使用滤镜

情景导入

米拉在学习 Photoshop CS6 的过程中，发现有一个"滤镜"菜单项，但不知道有何作用，于是请教老洪，老洪告诉米拉，只要了解这些滤镜的作用，就可使用这些滤镜制作出丰富的效果，如下雪、水滴等。原来是这样，米拉经常在海报上看到这类图像特效，想到自己也可以制作出来，非常期待。

学习目标

✔ 掌握使用滤镜制作"运动"图像的方法。

如使用"消失点"滤镜补全图像、使用"液化"滤镜为人物瘦身、使用滤镜库、添加油画效果等。

✔ 掌握使用滤镜制作"画框图像"的方法。

如使用"油画"滤镜、使用"墨水轮廓"滤镜、使用"纹理化"滤镜等。

案例展示

▲制作"运动"图像

▲制作"画框"图像

任务一　制作"运动"图像

在 Photoshop CS6 中，滤镜对图像的处理起着十分重要的作用，使用滤镜可以制作各种特效，如模拟素描、油画等效果。不同的滤镜产生不同的效果，同一滤镜经过设置也会产生不同的效果。下面讲解"液化""消失点""油画"和"镜头校正"等滤镜的用法。

【任务目标】

使用滤镜制作"运动"图像，先使用消失点工具将缺失的部分补上，再使用液化工具对人物进行处理，最后添加"扩散光亮"滤镜效果。通过本任务的学习，用户可掌握在 Photoshop CS6 中使滤镜的相关操作。本任务完成后的最后效果如图 8-1 所示。

图 8-1　"运动"图像效果

 素材所在位置　素材文件 \ 项目八 \ 任务一 \ 背景 .psd、
人物 .png
效果所在位置　效果文件 \ 项目八 \ 任务一 \ 运动 .psd

高清彩图

【相关知识】

滤镜是 Photoshop CS6 中使用频率较高的功能之一，为当前可见图层或图像选区中的图像添加滤镜，可以制作各种特效。滤镜有效地增强了 Photoshop CS6 的功能，通过滤镜，用户可以制作出富有艺术性的专业图像效果。

（一）认识滤镜

Photoshop CS6 的"滤镜"菜单提供了多个特殊滤镜、滤镜组和安装的外挂滤镜，如图 8-2 所示。滤镜组还包含了多种滤镜效果。各种滤镜的使用方法基本相似，只需打开并选择需要处理的图像窗口，再选择"滤镜"菜单下需要的滤镜菜单命令，在打开的参数设置对话框中设置滤镜参数，单击 确定 按钮即可。

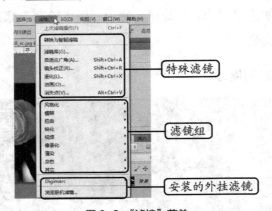

图 8-2　"滤镜"菜单

各种滤镜参数的设置方法类似。例如，选择【滤镜】/【模糊】/【动感模糊】菜单命令，打开"动感模糊"对话框，如图 8-3 所示。相关选项的作用如下。

- "**预览**"**复选框**：选中该复选框，可在原图像中观察使用
该滤镜命令后的效果；撤销选中该复选框，只能通过对
话框中的预览框来观察滤镜的效果。
- ⊟**和**⊞**按钮**：用于控制预览框中图像的显示比例。单击⊟
按钮可缩小图像的显示比例，单击⊞按钮可放大图像的
显示比例。
- "**角度**"**数值框**：用于设置角度参数来生成对应角度方向
的动感模糊。
- ⊖**图标**：拖动图标中的横线可调整角度参数。
- "**距离**"**数值框**：用于设置动感模糊的程度。
- ◇――――――**滑块**：拖动滑块可调整距离参数。

图 8-3 "动感模糊"对话框

将鼠标指针移动到对话框的预览框中，当指针变成抓手形状🖐时，拖动鼠标可移动视图
的位置；将鼠标指针移动到原图像中，当指针变为□形状时，在图像上单击，可将预览框中
的视图调整到单击处的图像位置。

（二）滤镜库的设置与应用

Photoshop CS6 中的滤镜库整合了"风格化""画笔描边""扭曲""素描""纹理"和"艺
术效果" 6 种滤镜，通过滤镜库，可对图像应用这 6 种滤镜。

打开一张图像，选择【滤镜】/【滤镜库】菜单命令，打开如图 8-4 所示的"滤镜库"
对话框，部分参数的作用如下。

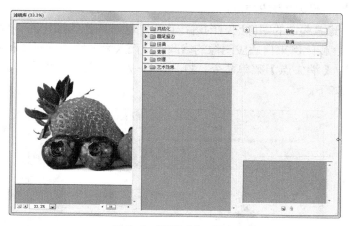

图 8-4 "滤镜库"对话框

- 在展开的滤镜效果中，选择其中一个效果选项，可在左边的预览框中预览应用该滤
镜后的效果。
- 单击对话框右下角的"新建效果图层"按钮🖻，可新建一个效果图层；单击"删除
效果图层"按钮🗑，可删除效果图层。
- 单击⊗按钮，可隐藏效果选项，增加预览框中的视图范围。

（三）"液化"滤镜的设置与应用

"液化"滤镜可以使图像产生扭曲效果，用户不但可以自定义扭曲的范围和强度，还可
以将调整好的变形效果存储起来或载入以前存储的变形效果。选择【滤镜】/【液化】菜单
命令，打开图 8-5 所示的"液化"滤镜对话框，左侧列表中，相关工具的含义如下。

图 8-5 "液化"滤镜对话框

- **向前变形工具** ：使用此工具可以使被涂抹区域内的图像产生向前位移效果，如图 8-6 所示。
- **重建工具** ：用于在液化变形后的图像上涂抹，使变形的图像还原为原图像。
- **褶皱工具** ：使用此工具可以使图像产生向内压缩变形的效果。
- **膨胀工具** ：使用此工具可以使图像产生向外膨胀放大的效果。

图 8-6 图像效果

- **左推工具** ：使用此工具可以使图像中的像素发生位移变形效果。

（四）"消失点"滤镜的设置与应用

在"消失点"滤镜选定的图像区域内进行克隆、粘贴图像等操作时，会自动应用透视原理，按照透视的角度和比例来自适应图像的修改，从而大大节约精确设计和修饰照片的时间。

选择【滤镜】/【消失点】菜单命令，打开图 8-7 所示的"消失点"对话框，左侧列表中相关工具的含义如下。

图 8-7 "消失点"对话框

- **编辑平面工具** ：用来调整透视平面，其调整方法与图像变换操作一样，拖动平面边缘的控制点即可，如图 8-8 所示。

● **创建平面工具** ：打开"消失点"对话框后，系统默认选择该工具，可在预览框中的不同地方单击 4 次，创建一个透视平面，如图 8-9 所示。在对话框顶部的"网格大小"下拉列表中可设置显示的密度。

图 8-8　调整透视平面

图 8-9　创建透视平面

● **图章工具** ：该工具与工具箱中仿制图章工具的使用方法一致，即在透视平面内按住【Alt】键并单击该工具，对图像取样，然后在透视平面的其他地方单击，将取样图像复制到单击处，复制后的图像保持与透视平面相同的透视关系。

（五）"油画"滤镜的设置与应用

"油画"滤镜可使图像快速呈现油画效果，还可以通过控制画笔的样式以及光线的方向和亮度来调整油画效果。选择【滤镜】/【油画】菜单命令，打开"油画"滤镜对话框，如图 8-10 所示。

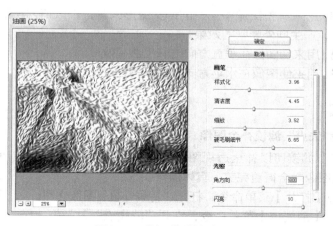

图 8-10　"油画"滤镜对话框

其中各参数的含义如下。

● **样式化**：用于设置画笔描边的样式化程度。

● **清洁度**：用于设置画笔描边的清洁度，即纹理的柔化程度。

● **缩放**：用于设置画笔描边的比例。

● **硬毛刷细节**：用于设置画笔硬笔刷细节的数量，值越高，毛刷纹理越清晰。

● **角方向**：用于设置光源的照射角度。

● **闪亮**：用于设置反射的闪亮程度，可提高纹理的清晰度，产生锐化效果。

（六）"镜头校正"滤镜的设置与应用

　　"镜头校正"滤镜可修复常见的镜头缺陷，如桶形和枕形失真、晕影以及色差。选择【滤镜】/【镜头校正】菜单命令，打开"镜头校正"对话框，如图 8-11 所示，部分选项的含义如下。

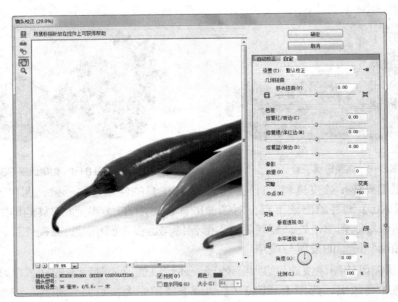

图 8-11 "镜头校正"对话框

- **移去扭曲：**用来调整图像中产生的镜头变形失真，当数值为正时，产生内陷效果，为负值时，产生向外膨胀的效果。
- **垂直透视：**用来使图像在垂直方向上产生透视效果。
- **水平透视：**用来使图像在水平方向上产生透视效果。

【任务实施】

（一）使用"消失点"滤镜补全图像

　　使用"消失点"滤镜可以补全透视图像中缺失的部分，并能自动产生透视效果，使图像融合得更完美，具体操作如下。

（1）选择【文件】/【打开】菜单命令，打开"背景 .psd"图像文件。

（2）选择【滤镜】/【消失点】菜单命令，打开"消失点"对话框，已自动选择"创建平面工具" ，在编辑窗口中的大厦左上角单击，如图 8-12 所示。

（3）将鼠标指针移至大厦左下方的边缘处，单击鼠标左键，再将鼠标指针移至右侧单击，最后在大厦需要修补的孔洞一侧的右上角单击，形成编辑平面，如图 8-13 所示。

（4）在左侧的工具栏中单击"图章工具" ，按住【Alt】键不放，在创建的平面内合适的位置单击进行取样，如图 8-14 所示。

（5）将鼠标指针移至需要修补的地方，单击鼠标左键进行修补，修补完成的效果如图 8-15 所示。单击 确定 按钮关闭"消失点"对话框。

图 8-12　在大厦左上角单击定位第一个点

图 8-13　单击定位其他的点

图 8-14　点击取样

图 8-15　修补图像

（二）使用"液化"滤镜为人物瘦身

下面将素材图像"人物 .png"导入文件中，利用"液化"滤镜对
人物进行瘦身，具体操作如下。

（1）选择【文件】/【置入】菜单命令，打开"置入"对话框，将素材
图像"人物 .png"置入文件中，按【Enter】键确认置入。

（2）在置入的"人物"图层上单击鼠标右键，在弹出的快捷菜单中选
择【栅格化图层】命令。

（3）按住【Ctrl】键不放，单击"人物"图层，将其轮廓选中。选择【选择】/【修改】/
【收缩】菜单命令，打开"收缩选区"对话框，在"收缩量"文本框中输入"1"，单击

微课视频

使用"液化"滤镜为
人物瘦身

确定 按钮，如图 8-16 所示。

（4）按【Ctrl+Shift+I】组合键，反选选区，再按【Delete】键删除，然后按【Ctrl+D】组合键，取消选区，效果如图 8-17 所示。

图 8-16 收缩选区　　　　　　　　　　图 8-17 取消选区后的效果

（5）选择【滤镜】/【液化】菜单命令，打开"液化"对话框，单击"向前变形工具" ，在图像编辑区域的人物腰部拖动鼠标，为人物瘦身，如图 8-18 所示。

（6）瘦身到合适的程度后，单击 确定 按钮，关闭"液化"对话框。

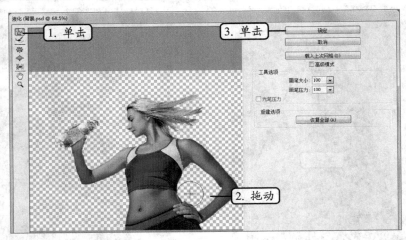

图 8-18 为人物瘦身

（三）使用滤镜库

下面使用滤镜库中的"扩散亮光"滤镜，为图像添加梦幻波光效果，具体操作如下。

微课视频

使用滤镜库

（1）按【Ctrl+Shift+Alt+E】组合键，盖印一个新的图层，并选择这个新图层，如图 8-19 所示。

（2）选择【滤镜】/【滤镜库】菜单命令，打开"滤镜库"对话框，单击"扭曲"栏前的▷按钮，将该栏展开。

（3）选择"扩散亮光"选项，在右侧的参数面板中设置"粒度"为"1"，"发光量"为"2"，"清除数量"为"15"，然后单击 确定 按钮，如图 8-20 所示。

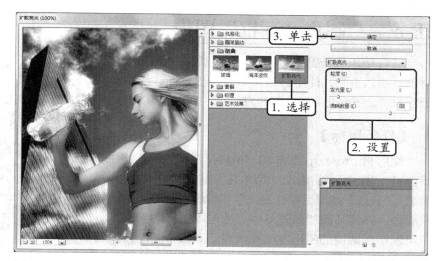

图 8-19　盖印图层

图 8-20　设置"扩散亮光"滤镜参数

（四）添加油画效果

下面为图像添加不明显的油画效果，具体操作如下。

（1）选择【滤镜】/【油画】菜单命令，打开"油画"对话框。

（2）在右侧的参数栏中，设置"样式化"为"3"，"清洁度"和"缩放"
为最小，"硬毛刷细节"为"1"，"角方向"为"255"，"闪亮"为"0"，
完成后单击 确定 按钮，如图 8-21 所示。

微课视频

添加油画效果

图 8-21　设置油画滤镜参数

（3）以"运动"命名，保存文件，效果如图 8-22 所示。

图 8-22　最终效果

任务二　制作"画框"图像

　　结合使用多个滤镜，可以制作出特殊的图像效果，对于一些风景画，使用滤镜可以制作出素描、油画、版画等效果。下面介绍具体制作方法。

【任务目标】

　　使用 Photoshop CS6 的"风格化"滤镜组、"模糊"滤镜组、"扭曲"滤镜组、"像素化"滤镜组、"渲染"滤镜组、"杂色"滤镜组和"锐化"滤镜组中的滤镜制作一副油画，并将其添加到画框中。通过本任务的学习，用户可以掌握滤镜的使用方法和效果。本任务制作完成后的最终效果如图 8-23 所示。

图 8-23　"画框"图像效果

 | **素材所在位置**　素材文件 \ 项目八 \ 任务二 \ 风景图 .jpg、画框 .jpg
效果所在位置　效果文件 \ 项目八 \ 任务二 \ 制作油画效果 .psd、油画效果 .psd

高清彩图

【相关知识】

　　Photoshop CS6 的"滤镜"菜单提供了多个滤镜组，选择某个滤镜组，可在其子菜单中选择该滤镜组中的具体滤镜，下面对这些滤镜组进行介绍。

（一）"风格化"滤镜组

　　"风格化"滤镜组主要通过移动和置换图像的像素并增加图像像素的对比度，生成绘画或印象派的图像效果。选择【滤镜】/【风格化】菜单命令，展开的子菜单中共有如下 9 种滤镜。

- **查找边缘**："查找边缘"滤镜可以突出图像边缘，该滤镜无参数设置对话框。
- **等高线**：使用"等高线"滤镜可以沿图像的亮区和暗区的边界绘出线条比较细、颜色比较浅的效果。
- **风**：使用"风"滤镜可在图像中添加一些短而细的水平线来模拟风吹效果。
- **浮雕效果**："浮雕效果"滤镜可以通过勾划选区的边界并降低周围的颜色值，使选区凹凸，生成浮雕效果。
- **扩散**："扩散"滤镜可以根据在其参数对话框中选择的选项搅乱图像中的像素，使图像产生模糊的效果。
- **拼贴**："拼贴"滤镜可以将图像分解成许多小贴块，并使每个方块内的图像都偏移原来的位置，让整幅图像好像是画在方块瓷砖上一样。
- **曝光过度**："曝光过度"滤镜可以产生图像正片和负片混合的效果，类似于在显影过程中，将摄影照片短暂曝光，该滤镜无参数设置对话框。
- **凸出**："凸出"滤镜可以将图像分成一系列大小相同，但有机叠放的三维块或立方体，生成一种 3D 纹理效果。
- **照亮边缘**："照亮边缘"滤镜可以向图像边缘添加类似霓虹灯的光亮效果。

（二）"模糊"滤镜组

使用"模糊"滤镜组可以通过削弱相邻像素的对比度，使相邻像素间过渡平滑，从而产生边缘柔和、模糊的效果。选择【滤镜】/【模糊】菜单命令，"模糊"子菜单中提供了"表面模糊""动感模糊"和"高斯模糊"等多种模糊效果。

- **表面模糊**："表面模糊"滤镜模糊图像时保留图像边缘，可用于创建特殊效果，以及去除杂点和颗粒。
- **动感模糊**：使用"动感模糊"滤镜可以使静态图像产生运动的效果，原理是通过对某一方向上的像素进行线性位移来产生运动的模糊效果。
- **高斯模糊**：使用"高斯模糊"滤镜可以对图像总体进行模糊处理。
- **方框模糊**："方框模糊"滤镜以邻近像素颜色平均值为基准模糊图像。
- **形状模糊**：使用"形状模糊"滤镜可以对图像按照某一形状进行模糊处理。
- **特殊模糊**："特殊模糊"滤镜用于对图像进行精确模糊，是唯一一不模糊图像轮廓的模糊方式。其有 3 种模式，在"正常"模式下，与其他模糊滤镜差别不大；"仅限边缘"模式适用于边缘有大量颜色变化的图像，增大边缘，图像边缘将变白，其余部分将变黑；在"叠加边缘"模式下，滤镜将覆盖图像的边缘。
- **平均模糊**：使用"平均滤镜"可以对图像的平均颜色值进行柔化处理，从而产生模糊效果，该滤镜无参数设置对话框。
- **模糊和进一步模糊**："模糊"和"进一步模糊"滤镜都用于消除图像中颜色明显变化处的杂色，使图像更加柔和，并隐藏图像中的一些缺陷，柔化图像中过于强烈的区域。"进一步模糊"滤镜产生的效果比"模糊"滤镜强。这两个滤镜都没有参数设置对话框，可通过多次应用这两个滤镜来加强模糊效果。
- **镜头模糊**："镜头模糊"滤镜可以模拟摄像时镜头抖动产生的模糊效果。
- **径向模糊**：使用"径向模糊"滤镜可以使图像产生旋转或放射状模糊效果。
- **场景模糊**：可添加多个模糊点，通过分别控制不同位置的清晰或模糊程度来模拟景深效果。
- **光圈模糊**：可通过椭圆上的控制点选择模糊位置，通过调整控制点控制模糊的作用范围和强度，从而形成不同景深的效果。
- **倾斜偏移**：用于模拟移轴镜头的虚化效果，与"光圈模糊"滤镜相比，其倾斜偏移的控制区域为平行线，4 条水平线也可以倾斜转动。

（三）"扭曲"滤镜组

"扭曲"滤镜组用于对当前图层或选区内的图像进行各种扭曲变形处理。选择【滤镜】/【扭曲】菜单命令，其子菜单提供了 9 种滤镜。

- **波纹**："波纹"滤镜可以产生水波荡漾的涟漪效果。
- **水波**："水波"滤镜可以沿径向扭曲选定范围或图像，产生类似水面涟漪的效果。
- **波浪**："波浪"滤镜可以在选区或图像上创建波浪起伏的图像效果，可以在参数设置对话框中设置波长。
- **旋转扭曲**：使用"旋转扭曲"滤镜可以使图像产生顺时针或逆时针旋转效果。
- **极坐标**："极坐标"滤镜可以使图像的坐标从直角坐标系转换到极坐标系。
- **挤压**："挤压"滤镜可以使全部图像或选区内的图像产生向外或向内挤压的变形效果。

- 切变："切变"滤镜可以使图像在水平方向产生弯曲效果，选择【滤镜】/【扭曲】/
【切变】菜单命令，打开"切变"对话框。在对话框左上侧方格框中的垂直线上单
击可创建切变点，拖动切变点可实现图像的切变。
- 球面化："球面化"滤镜模拟将图像包在球上并扭曲、伸展来适合球面，从而产生
球面化效果。
- 置换："置换"滤镜的使用较特殊。使用该滤镜后，图像的像素可以向不同的方向
移位，其效果不仅依赖于参数设置对话框，还依赖于置换的置换图。

（四）"像素化"滤镜组

"像素化"滤镜组中的大多滤镜会将图像转换成由平面色块组成的图案，并通过不同的
设置达到截然不同的效果。"像素化"滤镜组提供了 7 种滤镜，选择【滤镜】/【像素化】菜
单命令，在弹出的子菜单中选择相应的滤镜即可使用。

- 彩块化："彩块化"滤镜可以使图像中纯色或相似颜色的像素结为彩色像素块，从
而使图像产生类似宝石刻画的效果，该滤镜没有参数设置对话框，直接应用即可，
应用该滤镜的图像比原图像更模糊。
- 彩色半调："彩色半调"滤镜模拟在图像的每个通道上使用扩大的半调网屏效果。
对于每个通道，该滤镜用小矩形将图像分割，并用圆形图像替换矩形图像，其中圆
形图像的大小与矩形图像的亮度成正比。
- 晶格化："晶格化"滤镜是将相近的像素集中到一个纯色多边形网格中。
- 点状化："点状化"滤镜可以使图像产生随机的彩色斑点效果，点与点间的空隙将
用当前背景色填充。
- 铜版雕刻："铜版雕刻"滤镜可以在图像中随机分布各种不规则的线条和斑点，以
产生镂刻的版画效果。
- 马赛克："马赛克"滤镜把一个单元内所有相似色彩像素统一颜色后合成更大的方
块，从而产生马赛克效果。"马赛克"对话框中的"单元格大小"选项用于设置产
生的方块大小。
- 碎片："碎片"滤镜可以将图像的像素复制 4 倍，然后将它们平均移位并降低不透
明度，从而产生模糊效果，该滤镜无参数设置对话框。

（五）"渲染"滤镜组

"渲染"滤镜组用于在图像中创建云彩、折射和模拟光线等效果。该滤镜组提供了 5 种
滤镜，选择【滤镜】/【渲染】菜单命令，在弹出的子菜单中选择相应的滤镜即可使用。

- 分层云彩："分层云彩"滤镜可以使用随机生成的介于前景色与背景色之间的值，
生成云彩图案效果，该滤镜无参数设置对话框。
- 光照效果："光照效果"滤镜的功能非常强大，可以改变 17 种光照样式、3 种光源，
在 RGB 模式图像上产生多种光照效果。
- 镜头光晕："镜头光晕"滤镜可以模拟亮光照射到相机镜头产生的折射效果。
- 纤维："纤维"滤镜可以将前景色和背景色混合生成一种纤维效果。
- 云彩："云彩"滤镜可以在当前前景色和背景色间随机抽取像素值，生成柔和的云
彩图案效果，该滤镜无参数设置对话框。需要注意的是，应用此滤镜后，原图层上
的图像会被替换。

（六）"杂色"滤镜组

"杂色"滤镜组主要用来向图像添加杂点或去除图像中的杂点，通过混合干扰，制作出着色像素图案的纹理。此外，"杂色"滤镜组还可以创建一些具有特点的纹理效果，或去掉图像中有缺陷的区域。"杂色"滤镜组提供了5种滤镜，选择【滤镜】/【杂色】菜单命令，在弹出的子菜单中选择相应的滤镜即可使用。

- **减少杂色**："减少杂色"滤镜用于去除在数码拍摄中，因为ISO值（即光感度）设置不当导致的杂色，还可去除使用扫描仪扫描图像时，扫描传感器导致的图像杂色。
- **蒙尘与划痕**："蒙尘与划痕"滤镜可以将图像中有缺陷的像素融入周围的像素，达到除尘和隐藏瑕疵的目的。
- **添加杂色**："添加杂色"滤镜可以向图像随机地混合彩色或单色杂点。
- **去斑**："去斑"滤镜可以对图像或选区内的图像进行轻微的模糊和柔化处理，从而在移去杂色的同时，保留细节，该滤镜无参数设置对话框。
- **中间值**："中间值"滤镜可以通过混合图像中像素的亮度来减少图像的杂色。

（七）"锐化"滤镜组

"锐化"滤镜组能通过增加相邻像素的对比度来聚焦模糊的图像。该滤镜组提供了5种滤镜，选择【滤镜】/【锐化】菜单命令，在弹出的子菜单中选择相应的滤镜即可使用。

- **USM锐化**："USM锐化"滤镜可以锐化图像边缘，通过调整边缘细节的对比度，在边缘的每侧生成一条亮线和一条暗线。
- **智能锐化**：相较于标准的USM锐化滤镜，"智能锐化"滤镜用于改善边缘细节、阴影及高光锐化，在阴影和高光区域对锐化提供良好的控制。
- **锐化**："锐化"滤镜可以增加图像中相邻像素点之间的对比度，从而聚焦选区并提高其清晰度。该滤镜无参数设置对话框。
- **进一步锐化**："进一步锐化"滤镜要比"锐化"滤镜的锐化效果更强烈，该滤镜无参数设置对话框。
- **锐化边缘**："锐化边缘"滤镜用来锐化图像的轮廓，使不同颜色之间的分界更明显。该滤镜无参数设置对话框。

【任务实施】

（一）使用"油画"滤镜

微课视频

使用"油画"滤镜

首先调整图像亮度，然后使用"油画"滤镜为图像添加特殊效果，具体操作如下。

（1）打开"风景图.jpg"图像文件，如图8-24所示。

（2）选择【图层】/【新建调整图层】/【亮度/对比度】菜单命令，在打开的对话框中保持默认设置，在"属性"面板设置亮度为"35"，对比度为"10"，如图8-25所示。

（3）按【Alt+Ctrl+Shift+E】组合键盖印可见图层，得到"图层1"，如图8-26所示。

（4）选择【滤镜】/【油画】菜单命令，打开"油画"对话框，在右侧设置各参数，如图8-27所示，单击 确定 按钮，即可得到"油画"滤镜效果。

图 8-24　"风景图"图像文件

图 8-25　调整亮度 / 对比度

图 8-26　盖印可见图层

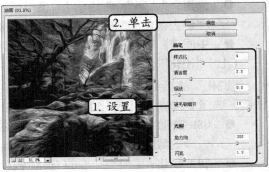

图 8-27　设置"油画"滤镜参数

（二）使用"墨水轮廓"滤镜

下面使用"墨水轮廓"滤镜制作油画的凹凸效果，让画面更有质感，具体操作如下。

微课视频

使用"墨水轮廓"滤镜

（1）选择【滤镜】/【滤镜库】菜单命令，打开"滤镜库"对话框，在"画笔描边"栏中选择"墨水轮廓"选项，在右侧设置描边长度为"4"，深色强度为"4"，光照强度为"11"，如图 8-28 所示，完成后单击[确定]按钮。

图 8-28　设置"墨水轮廓"滤镜参数

（2）设置完成后的图像效果如图 8-29 所示。选择"背景"图层，按【Ctrl+J】组合键复制图层，并将其放到最顶层，如图 8-30 所示。

图 8-29　图像效果

图 8-30　复制图层

（3）选择【滤镜】/【风格化】/【查找边缘】菜单命令，得到如图 8-31 所示的效果，在"图层"面板中设置图层混合模式为"柔光"，如图 8-32 所示。

图 8-31　查找边缘效果

图 8-32　设置图层混合模式

（三）使用"纹理化"滤镜

使用"纹理化"滤镜为画面添加纹理，具体操作如下。

（1）按【Alt+Ctrl+Shift+E】组合键盖印图层，得到"图层 2"。

（2）选择【滤镜】/【滤镜库】菜单命令，打开"滤镜库"对话框，在"纹理"栏中选择"纹理化"选项，在右侧设置各参数，单击 ▭确定▭ 按钮应用设置，如图 8-33 所示。

微课视频

使用"纹理化"滤镜

（3）打开"画框 .jpg"图像文件，将制作好的图像移动到"画框"图像中，适当调整图像大小，效果如图 8-34 所示。

图 8-33　设置"纹理化"滤镜

图 8-34　图像效果

滤镜库与滤镜组的区别

滤镜库中有些滤镜与滤镜组的名称一样，但各自包含的效果不同。另外，在滤镜库中设置的效果可以更改，在滤镜组中设置的效果无法更改。

实训一　制作液体巧克力特效

【实训要求】

制作如图 8-35 所示的液体巧克力特效。通过本实训的练习，用户可以掌握画笔工具和"液化"滤镜的使用方法。

【实训思路】

首先绘制一些杂乱的线条，然后对其应用"液化"滤镜，最后调整图像颜色。

图 8-35　液体巧克力特效

素材所在位置　效果文件 \ 项目八 \ 实训一 \ 液体巧克力特效 .psd

高清彩图

微课视频

制作液体
巧克力特效

【步骤提示】

（1）新建一个图像文件，选择"画笔工具" ，在图像中随意绘制多条较粗的线条。
（2）按【Ctrl+E】组合键合并图层。选择【滤镜】/【滤镜库】菜单命令，打开"滤镜库"对话框，在"素描"栏中选择"铬黄渐变"选项，然后在右侧设置各参数。
（3）选择【滤镜】/【液化】菜单命令，打开"液化"对话框，使用"向前变形工具" ，在图像上拖动鼠标。
（4）添加"色相 / 饱和度"调整图层，选择"着色"选项，调整图像为土红色，最后保存图像。

为拍摄的照片后期添加滤镜

对于摄影爱好者来说，添加不同的镜头滤镜，可以使拍出来的照片呈现出不一样的滤镜效果，若前期没有添加这样的效果，也可在后期通过 Photoshop CS6 来添加相应的滤镜效果。

实训二　制作透明水泡

【实训要求】

在海底背景上制作透明水泡，效果如图 8-36 所示。通过本实训的操作，用户可以掌握

"镜头光晕"滤镜、"极坐标"滤镜等的使用。

高清彩图

图 8-36　透明水泡

【实训思路】

先设置镜头光晕，然后添加"极坐标"滤镜，再变换选区，合成海底世界的图像，对创建的框架和框架集进行编辑，最后保存框架。

素材所在位置　素材文件 \ 项目八 \ 实训二 \ 海底世界 .jpg
效果所在位置　效果文件 \ 项目八 \ 实训二 \ 透明水泡 .psd

【步骤提示】

（1）新建空白图像文件，新建"图层 1"，并填充黑色。选择【滤镜】/【渲染】/【镜头光晕】菜单命令，设置"镜头光晕"滤镜。

（2）选择【滤镜】/【扭曲】/【极坐标】菜单命令，在打开的对话框中选中"极坐标到平面坐标"单选项，然后垂直翻转图像。

（3）选择【滤镜】/【扭曲】/【极坐标】菜单命令，选中"平面坐标到极坐标"单选项。绘制椭圆选区，选择【选择】/【变换选区】命令，对选区进行调整。按【Shift+F6】组合键，打开"羽化选区"对话框，羽化选区。

微课视频

制作透明水泡

（4）打开"海底世界 .jpg"图像文件，将制作的水泡拖动到"海底世界"图像窗口中。按【Ctrl+T】组合键调整水泡大小。

（5）设置"图层 1"的图层混合模式为"滤色"，得到透明水泡效果。复制多个水泡，调整各水泡的大小与位置，完成水泡效果的制作。

常见疑难解析

问：为什么使用相同的滤镜命令处理同一张图像，有时处理后的图像效果却不同？

答：滤镜对图像的处理是以像素为单位进行的，即使是同一图像在进行同样的滤镜参数设置时，也会因为图像的分辨率不同而形成不同效果。

问：为什么有些滤镜不能使用？

答：若"滤镜"菜单中的某些滤镜命令显示为灰色，就表示它们不能使用。哪些滤镜能使用通常是由图像的模式决定的。RGB 模式的图像可以使用全部滤镜，CMYK 模式的图像有一部分滤镜不能使用，索引和位图模式的图像不能使用任何滤镜。若要对位图、索引和 CMYK 模式的图像应用滤镜，可先将其转换为 RGB 模式的图像，再进行操作。

拓展知识

选择【滤镜】/【转换为智能滤镜】菜单命令，可以将图层转换为智能对象，应用于智能对象的任何滤镜都是智能滤镜。智能滤镜将出现在"图层"面板中，应用这些智能滤镜的智能对象图层的下方。

普通滤镜在设置好后，不能重新编辑，但将滤镜转换为智能滤镜，就可以对原来应用的滤镜效果进行编辑。单击"图层"面板中添加的滤镜效果可以打开滤镜参数对话框，重新设置参数即可。

课后练习

（1）给素材文件"酒杯.jpg"添加水珠，效果如图8-37所示。在制作中涉及"纤维"滤镜、"染色玻璃"滤镜、"塑料效果"滤镜、图层混合模式、图层蒙版的使用。

高清彩图

图 8-37　给酒杯添加水珠

素材所在位置　素材文件＼项目八＼课后练习＼酒杯 .jpg
效果所在位置　效果文件＼项目八＼课后练习＼给酒杯添加水珠 .psd

（2）为素材文件"枝条.jpg"添加下雪效果，如图8-38所示。在制作中涉及"点状化"滤镜、【阈值】命令、"高斯模糊"滤镜、【反相】命令和图层混合模式的操作。

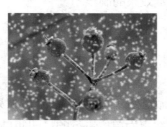

高清彩图

图 8-38　制作下雪效果

素材所在位置　素材文件＼项目八＼课后练习＼枝条 .jpg
效果所在位置　效果文件＼项目八＼课后练习＼下雪效果 .psd

09 项目九
矢量工具和路径

情景导入

米拉知道 Photoshop CS6 是一款位图处理软件，她最近要帮朋友制作一个标志，想使用 Photoshop CS6 来绘制，于是请教老洪，老洪告诉米拉，运用 Photoshop CS6 提供的矢量工具和路径工具可以完成标志的制作，而且可以绘制矢量图并导出到其他软件中处理。米拉很高兴，便开始认真学习起来。

学习目标

◆ **掌握设计房地产标志的方法。**
如描边路径、使用钢笔工具绘制形状、转换和添加锚点等。

◆ **掌握制作网店价格标签的方法。**
如使用圆角矩形工具绘制底色、使用多边形工具绘制图形、绘制圆点路径图形等。

案例展示

▲ 房地产标志

▲ 网店价格标签

任务一 设计房地产标志

标志作为企业形象统一战略（Corporate Identity System，CIS）的主要部分，在企业形象传递过程中，应用非常广泛，同时也是比较关键的元素。现代标志承载着企业的无形资产，是企业综合信息传递的媒介。

【任务目标】

使用路径工具设计房地产标志。在制作时，先使用钢笔工具创建路径，然后对路径进行调整，复制路径得到相关图形，最后描边和填充路径，完成图像的制作。通过本任务的学习，用户可以掌握 Photoshop CS6 中路径工具的相关操作。本任务制作完成后的效果如图 9-1 所示。

图 9-1　房地产标志

 效果所在位置 效果文件 \ 项目九 \ 任务一 \ 房地产标志 .psd

高清彩图

公司标志的重要性

公司的标志对于公司有很重要的意义，一个好的标志不仅含义深刻、造型优美，还能让目标群体一眼就记住。这就要求标志无论是从色彩还是构图上，都一定要讲究、简约，并要与其他的标志有区别。

【相关知识】

路径实质上是以矢量方式定义的线条轮廓，它可以是一条直线、一个矩形、一条曲线以及各种形状的线条，这些线条可以是闭合的，也可以是不闭合的。

（一）认识路径

路径是可以转换为选区或使用颜色填充和描边的轮廓，它包括起点和终点的开放式路径，如图 9-2 所示，以及没有起点和终点的闭合式路径，如图 9-3 所示。路径也可由多个相互独立的路径组成，如图 9-4 所示。

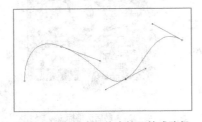

图 9-2　有起点和终点的开放式路径

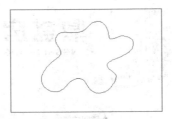

图 9-3　没有起点和终点的闭合式路径

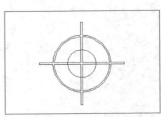

图 9-4　多个相互独立的路径

（二）使用钢笔工具

钢笔工具属于矢量绘图工具，使用该工具可以直接绘制出直线路径和曲线路径。单击工具箱中的"钢笔工具" ，其工具属性栏如图 9-5 所示。

图 9-5　"钢笔工具"属性栏

在"钢笔工具"属性栏中单击 路径 按钮，在下拉列表中可选择绘图模式，包含形状、路径和像素 3 种。选择的绘图模式不同，"钢笔工具"属性栏中的命令也会不同。

（三）钢笔工具使用技巧

在使用钢笔工具时，鼠标指针在路径和锚点上的不同位置会呈现不同的显示状态，具体如下。

- ● ▶*：当鼠标指针显示为该形状时，单击可创建一个角点，拖动鼠标可创建一个平滑点。

- ● ▶+：在工具属性栏中选中"自动添加 / 删除"复选框后，当鼠标指针在路径上显示为该形状时，单击可在该处添加锚点。

- ● ▶-：选中"自动添加 / 删除"复选框后，当鼠标指针在锚点上显示为该形状时，单击可删除该锚点。

- ● ▶o：在绘制路径的过程中，将鼠标指针移至路径起始的锚点处时，鼠标指针变为该形状，单击可闭合路径。

- ● ▶o：选择一个开放式路径，将鼠标指针移至该路径的一个端点上，当鼠标指针显示为该形状时单击，然后可继续绘制该路径，如图 9-6 所示；若在绘制路径的过程中，将鼠标指针移至另一条开放路径的端点上，鼠标指针显示为该形状时单击，可将这两段开放式路径连接成为一条路径，如图 9-7 所示。

图 9-6　单击继续绘制路径

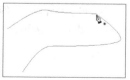

图 9-7　单击连接两段路径

（四）认识"路径"面板

选择【窗口】/【路径】菜单命令，打开"路径"面板。"路径"面板默认情况下与"图层"面板在同一面板组中，由于路径不是图层，因此路径创建后不会显示在"图层"面板中，而是显示在"路径"面板中。"路径"面板主要用来储存和编辑路径，如图 9-8 所示，部分选项的含义如下。

图 9-8　"路径"面板

- **当前路径**：面板中以蓝色底纹显示的路径为当前路径，用户所做的操作都是针对当前路径的。
- **路径缩略图**：用于显示该路径的缩略图，在其中可以查看路径的大致样式。
- **路径名称**：显示该路径的名称，用户可以对其进行修改。
- **"前景色填充路径"按钮 ●**：单击该按钮，可以使用前景色在选择的图层上填充该路径。
- **"画笔描边路径"按钮 ○**：单击该按钮，可以使用画笔在选择的图层上为该路径描边。
- **"将路径作为选区载入"按钮 ○**：单击该按钮，可以将当前路径转换成选区。
- **"从选区生成工作路径"按钮 ○**：单击该按钮，可以将当前选区转换成路径。
- **"添加图层蒙版"按钮 ▣**：单击该按钮，可以添加一个新的图层蒙版。
- **"新建路径"按钮 ▣**：单击该按钮，可以建立一个新路径。
- **"删除路径"按钮 ▇**：单击该按钮，可以删除当前路径。

【任务实施】

（一）描边路径

制作房地产公司的标志，首先绘制矩形，然后绘制三角形路径并为其描边，具体操作如下。

（1）新建一个名为"房地产标志"，尺寸为"21厘米×13厘米"，分辨率为"300像素/英寸"，色彩模式为"RGB"的图像文件。在该图像文件中新建"图层1"，选择工具箱中的"矩形选框工具" ▣ ，在图像中绘制一个矩形选区，如图9-9所示。

（2）设置前景色为黑色，按【Alt+Delete】组合键填充选区，如图9-10所示，然后按【Ctrl+D】组合键取消选区。

（3）按【Ctrl+J】组合键复制"图层1"，得到"图层1副本"，如图9-11所示，按【Ctrl+T】组合键适当调整矩形的宽度，并向右移动，如图9-12所示。

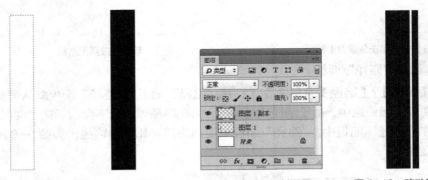

图9-9　绘制选区　图9-10　填充颜色　　　　图9-11　复制图层　　　图9-12　移动图像

（4）在工具箱中选择"多边形工具" ▣ ，在工具属性栏中选择"路径"模式，设置"边"为"3"，如图9-13所示。

图9-13　"多边形工具"属性栏

（5）在矩形图像顶部绘制一个三角形路径，按【Ctrl+T】组合键，调整路径大小和位置，如图 9-14 所示，按【Enter】键确认。

（6）选择"铅笔工具" ，单击工具属性栏最左侧的 按钮，在打开的面板中设置大小为"6 像素"，如图 9-15 所示。

（7）新建"图层 2"，在工具箱中选择"路径选择工具" ，选择绘制的三角形路径。切换到"路径"面板，单击面板底部的"用画笔描边路径"按钮 ○，得到描边路径，如图 9-16 所示。在"路径"面板的空白处单击，退出路径图层的选择状态。

图 9-14　绘制直线路径

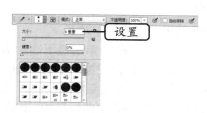
图 9-15　绘制箭头图形

图 9-16　描边路径

（8）选择"矩形选框工具" ，在三角形与矩形交界处绘制一个矩形选区，按【Delete】键删除图像，如图 9-17 所示，完成后按【Ctrl+D】组合键取消选区。

（9）选择【图层】/【图层样式】/【渐变叠加】菜单命令，打开"图层样式"对话框，设置渐变颜色为从深蓝色（R17，G99，B165）到浅蓝色（R48，G178，B235），其他参数设置如图 9-18 所示，完成后单击 确定 按钮。

（10）得到图像渐变叠加效果后，按住【Ctrl】键选择除背景图层以外的所有图层，按【Ctrl+E】组合键合并图层，然后复制多次对象，适当调整图像的位置和大小，效果如图 9-19 所示。

图 9-17　删除图像

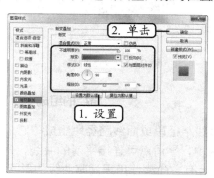
图 9-18　设置图层样式

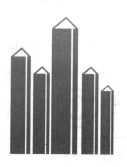
图 9-19　图像效果

（二）使用钢笔工具绘制形状

下面使用钢笔工具绘制标志的其他形状，具体操作如下。

（1）选择工具箱中的"钢笔工具" ，在矩形图像下方左侧单击，移动鼠标指针到另一处然后单击，绘制一条直线，如图 9-20 所示。

（2）继续拖动鼠标然后单击，绘制其他的直线路径，然后回到起点处单击，得到一个闭合的三角形路径，如图 9-21 所示。

微课视频

使用钢笔工具绘制形状

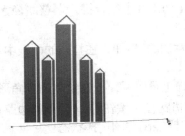

图 9-20　绘制直线路径

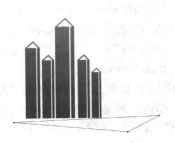

图 9-21　闭合路径

（三）转换和添加锚点

下面对绘制的路径进行编辑，具体操作如下。

（1）在工具箱中选择"转换点工具" ，单击最下端的锚点，并拖动鼠标，得到曲线路径，在锚点两侧出现控制手柄，如图 9-22 所示。

（2）选择左侧的控制手柄，调整其方向改变曲线弧度，然后选择路径最左侧的锚点，将其转换为曲线并调整曲线形状，如图 9-23 所示。

（3）选择"添加锚点工具" ，在上面的曲线中间位置单击，得到添加的锚点，如图 9-24 所示。

微课视频

转换和添加锚点

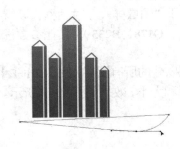

图 9-22　转换锚点

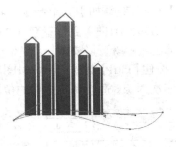

图 9-23　调整曲线

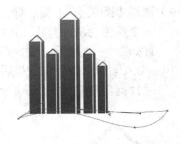

图 9-24　添加锚点

知识提示

路径的组成

　路径由直线路径段或曲线路径段组成，它们通过锚点连接。锚点有平滑点和角点两种，平滑点可连接平滑的曲线，角点连接呈角的直线或者转角曲线；锚点上有方向线，用于调整曲线的形状。

（4）调整锚点两侧的控制杆，调整曲线弧度，如图 9-25 所示。

（5）使用同样的方法，绘制其他两条曲线路径，如图 9-26 所示。

（6）新建一个图层，按【Ctrl+Enter】组合键将路径转换为选区，选择"渐变工具" 对其从左到右填充线性渐变填充，设置颜色为从深蓝色（R17，G99，B165）到浅蓝色（R48，G178，B235），如图 9-27 所示。

图 9-25 调整曲线弧度

图 9-26 绘制其他曲线路径

图 9-27 填充颜色

多学一招

编辑锚点

使用"直接选择工具" ▶ 时，按住【Ctrl+Alt】组合键，可切换为"转换点工具" ▶ ，进行编辑锚点的操作；使用"钢笔工具" ✎ 时，将鼠标指针移至锚点上，按住【Alt】键也可将其转换为"转换点工具" ▶ 。

（7）新建一个图层，选择"椭圆选框工具" ○ ，在图像中绘制一个圆形选区，如图 9-28 所示。

（8）选择【编辑】/【描边】菜单命令，打开"描边"对话框，设置描边宽度为"10 像素"，颜色为蓝色（R25，G120，B183），单击 确定 按钮，如图 9-29 所示。

（9）得到描边图像效果，如图 9-30 所示。

图 9-28 绘制圆形选区

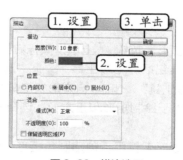

图 9-29 描边选区

图 9-30 描边图像效果

（10）选择"矩形选框工具" ▦ ，在描边圆形中绘制一个矩形选区，按【Delete】键删除图像，然后选择矩形所在图层，绘制选区，删除部分超出曲线图形的图像，如图 9-31 所示。

（11）选择"横排文字工具" T ，在图像右侧输入文字"鼎盛房产""DINGSHENGFANG CHAN"，并设置字体为不同粗细的"黑体"，如图 9-32 所示，完成本实例的制作。

图 9-31 删除部分图像

图 9-32 添加文字

任务二　制作网店价格标签

　　价格标签中的规则性图形较多，可以通过多种元素如线条、符号、数字、色彩等的组合来展现。本任务将制作一个网店价格标签，效果如图 9-33 所示。

【任务目标】

　　使用形状工具组中的相关工具制作网店价格标签。制作时，先绘制标签基本造型并填充颜色，然后绘制圆点描边图形，并添加文字。通过本任务的学习，用户可以掌握使用形状工具绘制路径的方法。

图 9-33　网店价格标签

 效果所在位置　效果文件＼项目九＼任务二＼网店价格标签 .psd

高清彩图

【相关知识】

　　在制作网店价格标签的过程中，将应用到形状工具、编辑路径等相关知识，下面进行具体介绍。

（一）形状工具

　　在工具箱中的"自定形状工具"按钮 ⬚ 上单击鼠标右键，将显示相关的形状绘制工具，如图 9-34 所示。形状绘制工具包括"矩形工具" ⬚ 、"圆角矩形工具" ⬚ 、"椭圆工具" ⬚ 、"多边形工具" ⬚ 、"直线工具" ⬚ 和"自定形状工具" ⬚ 6 种。

- **矩形工具：** 矩形工具用于绘制矩形和正方形。选择该工具后，在绘图区域拖动鼠标即可创建矩形。
- **圆角矩形工具：** 圆角矩形工具用于创建圆角矩形，它的使用方法与矩形工具相同。其不同之处在于，圆角矩形工具的工具属性栏除了包含矩形工具属性栏的选项外，还多了一个"半径"选项，用于设置圆角半径，圆角半径值越大，圆角越广。
- **椭圆工具：** 椭圆工具用于创建椭圆形和圆形，其使用方法以及工具属性栏中的相关属性与矩形工具相同，这里不再赘述。
- **多边形工具：** 多边形工具用于创建多边形和星形。选择该工具后，在工具属性栏的"边"数值框中设置多边形或星形的边数，范围为 3 ～ 100，然后绘制。
- **直线工具：** 直线工具用于创建直线和带有箭头的线段。选择该工具，在绘图区域拖动鼠标可创建直线或线段，按住【Shift】键可创建水平、垂直或以 45° 角为增量的直线，在其工具属性栏的"粗细"数值框中可设置直线的粗细。
- **自定形状工具：** 使用自定形状工具可创建 Photoshop CS6 预设的、自定义或外部提供的形状。在"形状"下拉列表中选择一种形状，如图 9-35 所示，然后在绘图区域拖动鼠标即可创建该图形。按住【Shift】键绘制可保持形状的比例不变。

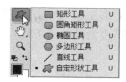

图 9-34　形状绘制工具

图 9-35　选择形状

绘制形状图形时移动图形

在绘制矩形、圆形、多边形、直线和自定义形状的过程中按下键盘上的空格键并拖动鼠标，可移动形状。

（二）编辑路径

在使用钢笔工具进行绘制时，经常需要反复修改绘制的路径，以达到正确的路径效果。下面介绍编辑路径的相关知识。

1. 使用路径选择工具

使用路径选择工具可以选择和移动完整的子路径。单击工具箱中的"路径选择工具" ，将鼠标指针移动到需选择的路径上单击，可选择完整的子路径，如图 9-36 所示。拖动鼠标，可移动路径，移动路径时按住【Alt】键不放并拖动鼠标，可以复制路径，如图 9-37 所示。

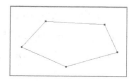

图 9-36　选择子路径

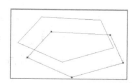

图 9-37　复制路径

2. 使用直接选择工具

使用直接选择工具可以选取或移动某个路径中的部分路径，将路径变形。选择工具箱中的"直接选择工具" ，在图像中拖动鼠标框选要选择的路径及锚点，如图 9-38 所示，即可选择包括锚点在内的路径段，被选中的部分锚点为实心方块，未被选中的路径锚点为空心方块，如图 9-39 所示。单击一个锚点也可选中该锚点，单击一个路径段时，可选中该路径段。

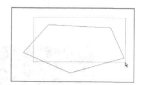

图 9-38　框选路径段

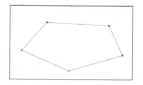

图 9-39　选中的锚点

【任务实施】

（一）使用圆角矩形工具绘制底色

使用圆角矩形工具可以绘制标签的大致外观，然后为其填充颜色。具体操作如下。

（1）新建长和宽均为"10 厘米"，分辨率为"300 像素 / 英寸"，色彩模

微课视频

使用圆角矩形工具绘制底色

式为"RGB"的文件。选择工具箱中的"圆角矩形工具" ，在其工具属性栏中选择模式下拉列表中的"形状"，设置填充为黑色，描边为黄色（R255，G255，B0），"半径"为"15 像素"，如图 9-40 所示。

图 9-40 设置"圆角矩形工具"属性栏

（2）在图像中拖动鼠标，即可绘制一个圆角矩形，如图 9-41 所示。

图 9-41 绘制圆角矩形

使用圆角矩形工具绘制其他图形

使用圆角矩形工具时，按住【Shift】键不放可绘制四边等长的圆角矩形；按住【Alt】键不放并拖动鼠标以单击点为中心向外创建圆角矩形；按住【Shift+Alt】组合键进行绘制，将以单击点为中心向外创建圆角正方形。

（二）使用多边形工具绘制图形

下面使用多边形工具来绘制三角形，具体操作如下。

微课视频

使用多边形工具绘制
图形

（1）选择"多边形工具" ，在工具属性栏中设置边数为"3"，单击路径操作按钮，在打开的下拉列表中选择"合并形状"选项，如图 9-42 所示。

（2）在圆角矩形下方拖动鼠标，绘制一个三角形，与圆角矩形合并为一个图像，如图 9-43 所示。

图 9-42 选择命令

图 9-43 绘制三角形

（3）选择【图层】/【图层样式】/【渐变叠加】菜单命令，打开"图层样式"对话框，设置渐变色为从深红色（R169，G0，B0）到红色（R252，G6，B6），单击 确定 按钮，效果如图 9-44 所示。

（4）在"图层样式"对话框中选择"投影"复选框，设置投影为深红色，然后设置不透明度为"50%"，角度为"90"度，大小为"13"像素，如图 9-45 所示，单击 确定 按钮，得到的图像效果如图 9-46 所示。

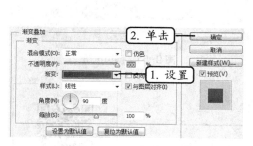

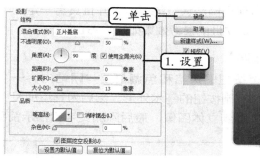

图 9-44　设置渐变叠加样式　　　　　　图 9-45　设置投影样式　　　图 9-46　图像效果

（三）绘制圆点路径图形

下面设置工具属性栏的属性来绘制圆点路径图形，具体操作如下。

（1）选择"圆角矩形工具" ，在工具属性栏中设置填充为无，描边为白色，半径为"15 像素"，再选择一种描边样式，如图 9-47 所示。

图 9-47　设置圆角矩形工具属性栏

（2）在图像中拖动鼠标，绘制白色圆点图像，如图 9-48 所示。使用前面利用合并形状的方法绘制三角形。

（3）选择"圆角矩形工具" ，绘制一个较小的圆角矩形，并填充淡黄色，如图 9-49 所示。

（4）选择"横排文字工具" ，在图像中输入文字"活动到手价""¥168""立即抢购 >"，并设置合适的字体和颜色，如图 9-50 所示，完成制作。

图 9-48　绘制白色圆点图像　　　图 9-49　绘制圆角矩形　　　图 9-50　输入文字

实训一　制作网页按钮

图 9-51　网页按钮

【实训要求】

制作一个网页按钮，运用于学院艺术类网站，按钮要体现出简洁大气的感觉，并且具有一定的艺术性。本实训的参考效果如图 9-51 所示。

【实训思路】

网页按钮的风格和色调都要与网站内容一致，首先绘制按钮的基本外形，然后为其添加投影效果，得到立体图像，最后添加文字和指示箭头。

 效果所在位置　效果文件\项目九\实训一\网页按钮 .psd

高清彩图

微课视频

制作网页按钮

【步骤提示】

（1）新建一个名为"网页按钮"的图像文件，背景填充蓝色，选择"矩形选框工具" 绘制两个矩形选区，使用"加深工具" 对其边缘进行涂抹，得到加深效果。

（2）选择"钢笔工具" ，绘制按钮的基本造型，将路径转换为选区后填充蓝色，然后使用加深工具对周围进行加深处理，得到投影效果。

（3）使用"椭圆形工具" 绘制按钮中的圆形，为其添加内阴影、渐变叠加、投影图层样式，再选择"自定形状工具" ，绘制箭头图形，并填充白色。

（4）在按钮中输入文字，然后复制按钮，改变颜色和方向，完成操作，最后保存文件即可。

实训二　绘制"信封"图标

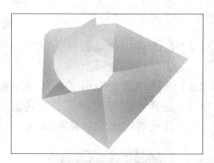

图 9-52　"信封"图标

【实训要求】

使用钢笔工具绘制一个信封图标，制作过程涉及锚点的转换、添加、删除，以及将路径转换为选区等操作，效果如图 9-52 所示。

【实训思路】

先绘制信封最底层的一面，并填充，然后逐一绘制其他部分，并填充，最后保存文件即可。

高清彩图

效果所在位置　效果文件 \ 项目九 \ 实训二 \ 信封 .psd

【步骤提示】

（1）新建"信封"图像文件，新建"图层1"，选择"钢笔工具" ，在图像窗口中需要绘制直线的位置单击鼠标，绘制信封最底层图形。

（2）将路径转换为选区，选择"渐变工具" ，在工具属性栏中设置渐变颜色为从（R222，G177，B52）到（R251，G227，B41）的径向渐变，然后填充路径。

微课视频

绘制"信封"图标

（3）新建"图层2"，使用钢笔工具绘制信封上方的路径，按【Ctrl+Enter】组合键将其转换为选区，然后为其填充径向渐变。

（4）新建"图层3"，使用同样的方法绘制另一块底层图形，转换路径为选区后填充，并将图层移至"图层2"之下。

（5）分别新建"图层4"和"图层5"，绘制封口部分以及信纸图像的路径，调整路径位置，并将路径转化为选区进行填充。

（6）信纸部分应重新设置填充颜色再填充，最后保存文件即可。

常见疑难解析

问：如何快速获取更多的形状？

答：除了自主绘制并定义形状外，还可以从提供形状下载的网站下载形状，然后将其载入Photoshop CS6中，载入方法与载入画笔的方法相同。

问：使用钢笔工具创建路径时，怎样在各种路径创建工具间快速切换？

答：使用钢笔工具绘制路径后，按住【Ctrl】键可切换为直接选择工具，按住【Alt】键可切换为转换点工具，按住【Ctrl+Alt】组合键可切换为路径选择工具，按【Shift+U】组合键可以在形状工具组中的各工具之间切换。

问：有些设计作品中的文字排列有一定的走向，这是怎么实现的？

答：这是因为在创建文字时应用了路径创建文字功能，方法为：使用"钢笔工具" 创建一个路径，将路径调整到需要的效果，然后选择"文字工具" ，设置字体、大小和颜色，将鼠标指针移到路径上，当其变为 形状时，单击定位文本插入点，在其中输入需要的文本即可。

问：绘制一些规则且有序排列的路径，有什么快捷方法吗？

答：绘制路径后，用"路径选择工具" 选择多个子路径后，在工具属性栏中单击对应的对齐按钮即可进行相应的操作。

问：用钢笔工具勾选图像后，怎样将其抠到新建的文件中？

答：用钢笔工具勾出图像后，将路径转换为选区，然后新建一个文件，通过复制、粘贴的方法将图像抠到新建的文件中，或者直接将选区拖动到新建文件中即可。

问：用直线工具绘制一条直线后，怎样设置直线由淡到浓的渐变？

答：用直线工具画出直线后，有两种方法可以为直线设置由淡到浓的渐变：一种是将其转换为选区，填充渐变色，设置前景色的渐变透明度；另一种是在直线上添加蒙版，用羽化喷枪把尾部喷淡。

问：打开绘制了路径的图像文件，为什么看不见绘制的路径？

答：创建的路径文件在打开之后，要单击"路径"面板中相应的路径图层，路径才能在图像窗口中显示出来。

拓展知识

若要绘制自由路径，单击工具箱中的"自由钢笔工具" ，在图像编辑区域拖动鼠标进行绘制即可，如图9-53所示。

"自由钢笔工具" 和"钢笔工具" 的工具属性栏大致相同，不同之处在于，自由钢笔工具的属性栏出现了"磁性的"复选框，选择该复选框后，鼠标指针呈 形状，在拖动鼠标创建路径时会产生一系列的锚点，如图9-54所示，此时双击鼠标左键可闭合路径。

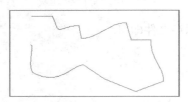

图9-53　绘制自由路径

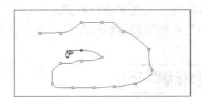

图9-54　路径上产生一系列锚点

"自由钢笔工具" 与"磁性套索工具" 非常相似，在使用时，只需在对象边缘单击，然后释放鼠标左键沿对象边缘拖动鼠标，即可紧贴对象轮廓生成路径。在其工具属性栏中单击 按钮，打开图9-55所示的下拉列表，其中部分参数的含义如下。

图9-55　工具面板

- **曲线拟合**：控制最终路径对鼠标或压感笔移动的灵敏度，该值越高，生成的锚点越少，路径也越简单。
- **磁性的**：其中，"宽度"用于设置钢笔工具的检测范围，值越高，工具的检测范围就越广；"对比"用于设置工具对图像边缘的敏感度，若图像的边缘与背景的色调比较接近，则可将该值设置得大一些；"频率"用于确定锚点的密度，值越高，锚点的密度越大。
- **钢笔压力**：若计算机配置了数位板，可选中"钢笔压力"复选框，然后通过钢笔压力控制检测宽度，钢笔压力增加将导致工具的检测宽度减小。

课后练习

（1）打开提供的"背景.jpg"图像文件，使用钢笔工具绘制路径，并使用转换点工具编辑路径，然后对路径进行描边和填充，效果如图9-56所示。

图 9-56　绘制网页图标

 素材所在位置　素材文件＼项目九＼课后练习＼背景 .jpg
效果所在位置　效果文件＼项目九＼课后练习＼网页图标 .psd

（2）绘制图 9-57 所示的卡通娃娃。首先使用渐变工具填充背景，然后使用钢笔工具绘制树叶和人物的基本外形，再通过渐变工具和填充工具为图像填充颜色，得到卡通娃娃图像，图像效果如图 9-57 所示。

图 9-57　卡通娃娃

 效果所在位置　效果文件＼项目九＼课后练习＼卡通娃娃 .psd

高清彩图

（3）使用"钢笔工具" 绘制交通标志。在制作过程中，先使用"钢笔工具" 绘制标识的基本外形，然后通过转换锚点，调整曲线形状，效果如图 9-58 所示。

高清彩图

图 9-58　绘制交通标志

 效果所在位置　效果文件\项目九\课后练习\标志 .psd

10

项目十
调整图像颜色

情景导入

最近米拉在处理拍摄的数码照片，但照片都不是同一色系，如何在 Photoshop CS6 中把颜色不同的图像调为一个色系呢？老洪告诉米拉，只要了解色调和色彩，就能很快掌握使用 Photoshop CS6 调色的方法。米拉对色调和色彩有一些了解，但对于在 Photoshop CS6 中调色还需要继续学习。

学习目标

✔ 掌握调整"儿童照"图像色彩的方法。

如添加渐变映射效果、调整色相 / 饱和度、调整曝光度、增加图像饱和度等。

✔ 掌握调整"立冬图"图像色彩的方法。

如降低图像饱和度、调整图像曲线、精确调整色阶等。

案例展示

▲ "儿童照"图像

▲ "立冬图"图像

任务一　调整"儿童照"色彩

受到天气、光线等影响，使用数码相机拍摄的照片一般需要进行后期处理，这才能让照片更加出色。图像颜色调整的范围包括色调、色彩等，如将偏暗的图像调亮，将曝光过度的图像调整得色彩平衡等。

【任务目标】

使用色彩调整命令，调整"儿童照"图像的色彩，首先使用【渐变映射】命令为图像添加渐变颜色，再调整图像的色相/饱和度，最后调整图像的曝光度，增加图像的饱和度，完成图像色彩的调整。通过本任务的学习，用户可以掌握在Photoshop CS6中调整图像色彩的相关操作。本任务制作完成后的效果如图10-1所示。

图10-1　"儿童照"图像

素材所在位置　素材文件＼项目十＼任务一＼小女孩 .jpg
效果所在位置　效果文件＼项目十＼任务一＼儿童照 .psd

高清彩图

【相关知识】

在使用色彩命令调整图像时，需要熟悉色彩的相关知识。

（一）色彩的基础知识

图像都是由色彩构成的，而色彩的基本要素主要有色相、纯度和明度等。下面分别介绍色相、纯度、明度和对比度等色彩的基本概念，以及配色的常用方法，以帮助没有美术基础的读者进行理解。

1. 色相

色相是指色彩的相貌，是区别色彩种类的名称，即通常说的不同颜色。例如，红、紫、橙、蓝、青、绿、黄等色彩都分别代表一类具体的色相，而黑、白以及各种灰色是属于无色系的。色相是色彩最显著的特征，对色相进行调整即在多种颜色之间变化，可在三原色（即红、绿、蓝）之间加入中间色。

2. 纯度

纯度是指色彩的纯净程度，也称饱和度。调整色彩的饱和度也就是调整图像的纯度。

3. 明度

明度是指色彩的明暗程度，也可称为亮度。明度是任何色彩都具有的属性，其中，白色是明度最高的颜色，因此在色彩中加入白色，可提高图像色彩的明度；黑色是明度极低的颜色，因此在色彩中加入黑色，可降低图像色彩的明度。

4. 对比度

对比度是指不同颜色之间的差异，调整对比度实质就是调整颜色之间的差异。提高对比度，可使颜色之间的差异变得很明显。

（二）色彩调整命令

Photoshop CS6 的"图像"菜单包含用于调整色调和颜色的各种命令，选择【图像】/【调整】菜单命令，即可查看有关色彩调整命令，如图 10-2 所示。

下面按类别介绍这些调整命令。

- **调整颜色和色调命令**：【色阶】【曲线】是重要且常用的颜色和色调调整命令；【自然饱和度】【色相/饱和度】用于调整色彩；【曝光度】和【阴影/高光】用于调整色调的明暗。

- **快速调整命令**：【色彩平衡】【照片滤镜】和【变化】命令用于快速调整色彩；【亮度/对比度】和【色调均化】命令用于快速调整色调。

- **匹配、替换和混合颜色命令**：【通道混合器】【可选颜色】【匹配颜色】和【替换颜色】命令可调整颜色通道、匹配多个图像之间的颜色和替换指定颜色。

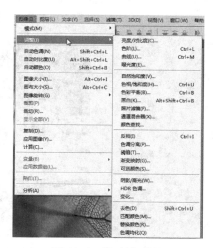

图 10-2 "调整"菜单

- **特殊颜色调整命令**：【反相】【色调分离】【阈值】和【渐变映射】是调整颜色的特殊命令，这些命令可将图像转换为负片、将图像简化为黑白、分离图像的色彩和用渐变颜色改变图像的原有颜色。

使用"调整"面板

"调整"菜单中的一些常用命令也位于"调整"面板中。选择【窗口】/【调整】菜单命令，即可打开"调整"面板。

（三）快速调整图像

"图像"菜单中有 3 个快速调整图像颜色的命令：【自动色调】【自动对比度】和【自动颜色】，这 3 个命令可自动对图像的颜色和色调进行简单的调整。

- **【自动色调】命令**：使用【自动色调】命令可自动调整图像中的黑场和白场，将每个颜色通道中最亮和最暗的像素映射到纯白和纯黑图像上，中间像素值按比例重新分布，从而增强图像的对比度。

- **【自动对比度】命令**：该命令可自动调整图像的对比度，使图像看上去更鲜艳，亮的地方更亮，暗的地方更暗。

- **【自动颜色】命令**：该命令可识别图像中的阴影、中间调和高光，从而调整图像的对比度和颜色，常用于校正偏色的图像。

【任务实施】

（一）添加渐变映射效果

下面使用【渐变映射】命令为图像增加单色渐变效果，并通过图层混合模式使多个图层之间的图像自然融合，具体操作如下。

微课视频

添加渐变映射效果

（1）打开 "小女孩.jpg" 图像文件，如图10-3所示。按【Ctrl+J】组合键复制背景图层，得到 "图层1" 图层，如图10-4所示。

图 10-3 "儿童照" 图像 　　　图 10-4 复制背景图层

（2）选择【图像】/【调整】/【渐变映射】菜单命令，打开 "渐变映射" 对话框，单击对话框中的渐变色条，打开 "渐变编辑器" 窗口，设置颜色为从紫色（R103，G10，B61）到白色渐变，单击 确定 按钮，如图10-5所示。返回 "渐变映射" 对话框，其他参数保持不变，单击 确定 按钮，如图10-6所示。

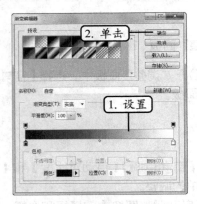 

图 10-5 设置渐变色 　　　图 10-6 "渐变映射" 对话框

调色前应先确定好风格

在调整图像色彩和色调前，应确定调整为哪一种风格，在选择调整命令时，可以使用多种方法逐一查看图像，得到最好的图像效果。

（3）添加渐变映射图像后的效果如图10-7所示。在 "图层" 面板中设置图层混合模式为 "柔光"，得到柔光图像效果，如图10-8所示。

图 10-7　渐变映射效果　　　　　　　图 10-8　改变图层混合模式

（二）调整色相／饱和度

下面使用【色相／饱和度】命令调整图像中的黄色调和红色调，使画面色调统一，具体操作如下。

微课视频

调整色相／饱和度

（1）选择【图层】/【新建调整图层】/【色相／饱和度】菜单命令，打开"新建图层"对话框，如图 10-9 所示，保持默认设置，单击 ▭确定▭ 按钮，这时"图层"面板中生成一个调整图层，如图 10-10 所示。

图 10-9　"新建图层"对话框　　　　　图 10-10　"图层"面板

（2）切换到"属性"面板，选择"全图"，设置色相为"+2"，如图 10-11 所示；选择"红色"，设置色相为"+12"，明度为"+5"，如图 10-12 所示；然后选择"黄色"，设置色相为"+7"，饱和度为"+25"，明度为"-16"，如图 10-13 所示；得到的图像效果如图 10-14 所示。

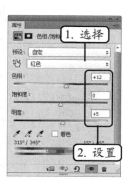

图 10-11　调整全图　　　图 10-12　调整红色　　　图 10-13　调整黄色　　　图 10-14　图像效果

（三）调整曝光度

经过之前的调整，图像的色调有些地方太亮，有些地方又太暗。
下面通过调整曝光度进一步美化图像，其具体操作如下。

（1）选择【图层】/【新建调整图层】/【曝光度】菜单命令，在打开
的对话框中保持默认设置，单击 确定 按钮，进入"属性"
面板。

（2）设置"位移"为"-0.0100"，"灰度系数校正"为"1.5"，如图
10-15 所示，得到的图像效果如图 10-16 所示，并且得到一个色
彩调整图层。

微课视频
调整曝光度

图 10-15　调整曝光度参数

图 10-16　图像效果

（四）增加图像饱和度

对于颜色较淡的图像，可以增加其饱和度，具体操作如下。

（1）按【Ctrl+Alt+Shift+E】组合键，得到盖印图层，如图 10-17 所示。

（2）选择【图像】/【调整】/【自然饱和度】菜单命令，打开"自然饱和度"
对话框，调整各项参数后，单击 确定 按钮，如图 10-18 所示。

（3）调整后的图像效果如图 10-19 所示，最后保存文件即可。

微课视频
增加图像饱和度

图 10-17　盖印图层

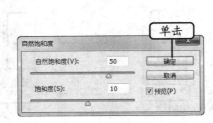

图 10-18　调整图像饱和度

图 10-19　图像效果

任务二　调整"立冬图"色彩

对一张普通的风景照进行调色处理，使其更加美观。

【任务目标】

调整"立冬图"图像色彩。先对部分图像做模糊处理，再适当降低图像饱和度，然后使用曲线调节图像细节，使图片更有质感，最后使用色阶进行更加精细的调整。通过本任务的学习，用户可以掌握制作高质量照片的方法。本任务制作完成后的最终效果如图10-20所示。

图10-20　立冬图

素材所在位置	素材文件\项目十\任务二\冬季.jpg、脚印.jpg
效果所在位置	效果文件\项目十\任务二\立冬图.psd

高清彩图

【相关知识】

要想更好地调整图像颜色，还应当了解图像的其他调整方法，如直方图、色阶和曲线等。

（一）直方图

直方图是一种统计图形，其应用非常广泛，数码相机的显示屏上也可以显示直方图，通过直方图，可以查看照片曝光的详细情况。选择【窗口】/【直方图】菜单命令，可打开"直方图"面板，如图10-21所示。

图10-21　"直方图"面板

在Photoshop CS6中，直方图中的图形表示图像每个亮度级别的像素数量，表示像素在图像中的分布情况，从而方便用户判断照片中阴影、中间值和高光的细节是否充足，以便正确调整。

（二）色阶

色阶是Photoshop CS6中重要的调整工具，可通过色阶调整图像的阴影、中间调和高光，从而校正色调和色彩。选择【图像】/【调整】/【色阶】菜单命令，打开图10-22所示的"色阶"对话框。该对话框中部分参数的含义如下。

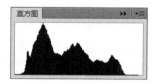

图10-22　"色阶"对话框

- **通道**：用于设置要调整的颜色通道。该选项与当前调整图像的颜色模式有关，如果是RGB模式，则当前默认调整的是RGB通道，既可以同时调整图像的所有颜色通道，也可以只调整红、绿、蓝通道。
- **输入色阶**：直方图底部的3个滑块分别用于设置图像的暗部色调、中间色调和亮部色调，既可以在滑块对应的文本框中输入相应的数值，也可拖动滑块调整。
- **输出色阶**：用于调整图像的亮度和对比度。色带最左侧的黑色滑块表示图像的最暗值，右侧的无色滑块表示图像中的最亮值，将滑块向左拖动，图像将变暗，向右拖动，图像将变亮。

- **"吸管工具"按钮组** ✐✐✐：用黑色吸管 ✐ 单击图像，可使图像变暗；用灰色吸管 ✐ 单击图像，将以吸管单击处的像素亮度调整图像所有像素的亮度；用白色吸管 ✐ 单击图像，图像上所有像素的亮度值都会加上该吸取色的亮度值，使图像变亮。

- 自动(A)：单击该按钮，系统将应用自动校正功能来调整图像。

- 选项(T)...：单击该按钮，可以打开"自动颜色校正选项"对话框，在其中可以设置暗调和中间值的切换颜色，以及设置自动颜色校正的算法。

- **预览**：选中该复选框，在图像窗口中可实时预览图像调整后的效果。

（三）曲线

在 Photoshop CS6 中，曲线是一个强大的调整工具，其包含"色阶""阈值""亮度 / 对比度"等多个功能。选择【图像】/【调整】/【曲线】菜单命令，打开"曲线"对话框，如图 10-23 所示。其中部分参数的含义如下。

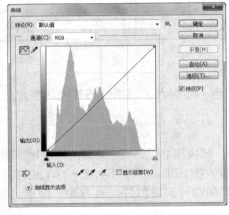

图 10-23 "曲线"对话框

- **通道**：用于显示当前图像文件的色彩模式，并可从中选取单色通道对单一的色彩进行调整。

- **◯按钮**：是系统默认的曲线工具。单击该按钮，可以拖动曲线上的调节点来调整图像的色调。

- **✐按钮**：单击该按钮，可以在曲线图中绘制自由形状的色调曲线。

- **曲线显示选项**：单击其前的 ⊗ 按钮，可以展开隐藏的选项，如图 10-24 所示，展开项中的 ⊞ 按钮和 ▦ 按钮，可用于控制曲线调节区域的网格数量。

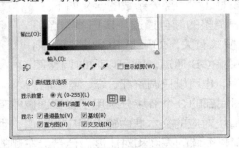

图 10-24 展开隐藏选项

【任务实施】

（一）降低图像饱和度

打开需要调整的图像文件，制作部分模糊效果，并适当降低图像饱和度，具体操作如下。

（1）打开"冬季.jpg"图像文件，选择套索工具，在工具属性栏中设置羽化为"30像素"，在图像中绘制一个选区，如图 10-25 所示。

（2）按【Shift+Ctrl+I】组合键反选选区，选择【滤镜】/【模糊】/【高斯模糊】菜单命令，打开"高斯模糊"对话框，设置"半径"为"4.5"像素，单击 确定 按钮，如图 10-26 所示。

图 10-25　绘制选区

图 10-26　"高斯模糊"对话框

（3）得到的模糊图像效果如图 10-27 所示。

（4）选择【图像】/【调整】/【色相/饱和度】菜单命令，选择"全图"进行调整，设置"色相""饱和度""明度"分别为"-3""-43""-3"，单击 确定 按钮，如图 10-28 所示。

图 10-27　图像模糊效果

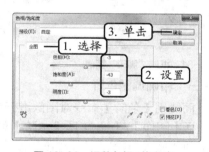

图 10-28　调整色相/饱和度

（二）调整图像曲线

下面使用【曲线】命令调整图像细节部分，使图像更有层次感，具体操作如下。

（1）选择【图像】/【调整】/【曲线】菜单命令，打开"曲线"对话框，分别选择曲线上下两端的调节点并向内拖动，单击 确定 按钮，如图 10-29 所示。调整后的图像如图 10-30 所示。

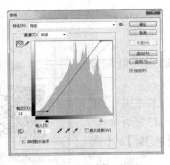

图 10-29 "曲线"对话框

图 10-30 调整后的图像

添加与删除调节点

在曲线上可以添加多个调节点来综合调整图像。当调节点不需要时，按【Delete】键或将其拖至曲线外，即可删除该调节点。

（2）打开"脚印 .jpg"图像文件，选择"套索工具" 框选脚印图像，如图 10-31 所示。使用移动工具将脚印图像拖到冬季图像中，设置图层混合模式为"正片叠底"，如图 10-32 所示。

图 10-31 框选"脚印"图像

图 10-32 移动图像

（三）精确调整色阶

下面使用【色阶】命令对图像进行精细调整，具体操作如下。

（1）选择【图像】/【调整】/【色阶】菜单命令，打开"色阶"对话框，拖动"输入色阶"下方右边的滑块，或者直接在该滑块下的文本框中输入参数，如图 10-33 所示，然后拖动"输入色阶"中间的滑块，调整完毕后，单击 确定 按钮，如图 10-34 所示。

微课视频

精确调整色阶

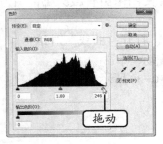

图 10-33 调整输入色阶

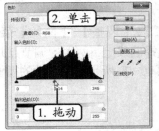

图 10-34 再次调整输入色阶

（2）调整色阶后的图像效果如图 10-35 所示。

图 10-35　最终效果

实训一　调出照片温暖色调

【实训要求】

对一张风景照片进行调色，并在其中添加人物图像和文字。通过本实训的操作，用户可以熟练掌握调整图像色彩的方法。

【实训思路】

先对图像增加黄色调，然后调整图像明暗关系，最后添加人物图像和文字，素材与效果如图 10-36 所示。

 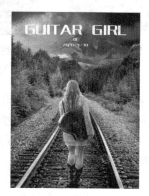 

高清彩图

图 10-36　素材与效果

 素材所在位置　素材文件＼项目十＼实训一＼风景 .jpg、吉他 .jpg
效果所在位置　效果文件＼项目十＼实训一＼温暖色调 .psd

【步骤提示】

（1）打开"风景 .jpg"图像文件，新建一个图层，使用画笔工具添加部
　　 分白色柔光图像。

（2）选择【图层】/【新建调整图层】/【照片滤镜】菜单命令，为图
　　 像增加黄色调。

微课视频

调出照片温暖色调

（3）单击"创建新的填充或调整图层"按钮，在弹出的列表中选择"渐变"命令，再次为图像增加黄色调。

（4）选择【图层】/【新建调整图层】/【曲线】菜单命令，调整图像明暗关系。

（5）打开"吉他 .jpg"图像文件，将其拖动到当前编辑的图像中，擦除人物周围的图像，再调整人物图像的颜色。

（6）选择横排文字工具，在图像上方输入文字，制作完成后保存图像。

实训二　校正偏色图像

【实训要求】

校正一张偏色图像的色调。先调整曝光不足的问题，再调整图像的偏色问题。偏色图像校正前后的效果如图 10-37 所示。

图 10-37　偏色图像校正前后的效果

【实训思路】

观察偏色图像可以发现，图像颜色偏紫色，对比度也较为强烈。因此先通过【色阶】命令调整图像整体亮度，然后使用【曲线】命令调整图像对比度的细节，最后调整图像的色相和饱和度。可以结合使用多个色彩调整菜单命令，调整出更好的图像效果。

高清彩图

 素材所在位置　素材文件＼项目十＼实训二＼偏色的图像 .jpg
　　　　　　　　效果所在位置　效果文件＼项目十＼实训二＼调整偏色的图像 .psd

【步骤提示】

（1）打开"偏色的图像 .jpg"图像文件，选择【图像】/【调整】/【色阶】菜单命令，打开"色阶"对话框，调整"输入色阶"下方的滑块。

（2）选择【图像】/【调整】/【曲线】菜单命令，在打开的"曲线"对话框中调整曲线，校正图像曝光不足的问题。

（3）选择【图像】/【调整】/【色相/饱和度】菜单命令，打开"色相/饱和度"对话框，在其中调整色相，校正偏色问题。

（4）调整完成后保存图像。

微课视频

校正偏色图像

常见疑难解析

问：为什么使用【色阶】命令调整偏色时，单击图像中的黑色和白色部分就可以清除偏色？

答：根据色彩理论，只要将取样点颜色的 RGB 值调整为 R=G=B，就可以校正整个图像的偏色。使用黑色吸管单击原本是黑色的图像，可将该点的颜色设置为黑色，即 R=G=B。但并不是所有的点都可作为取样点，因为彩色图像需要各种颜色存在，而这些颜色的 RGB 值并不相等。因此，应尽量将无彩色的黑、白、灰作为取样点。通常图像中的黑色（如头发、瞳孔）、灰色（如水泥柱）、白色（如白云等）都可以作为取样点。

问：在处理曝光过度的图像时，有没有使图像快速恢复正常的方法？

答：无论图像是曝光过度还是曝光不足，选择【图像】/【调整】/【阴影/高光】菜单命令都可以使图像恢复到正常的曝光状态。【阴影/高光】命令不是单纯地使图像变亮或变暗，而是通过计算，对图像局部进行明暗处理。

问：【反相】命令是调整图像哪方面的命令？

答：使用【反相】命令可以将图像的色彩反转，而且不会丢失图像的颜色信息。再次使用该命令时，图像即可还原。该命令常用于制作底片效果。

问：为什么有时无法使用【变化】命令对图像调色，要怎么解决？

答：在图像窗口标题栏中查看图像模式是否为"索引"模式或者"位图"模式，【变化】命令不能用在这两种颜色模式的图像上。选择【图像】/【模式】/【RGB 颜色】菜单命令，将图像转换成 RGB 模式图像，就可以使用【变化】命令调整颜色了。

问：使用【自动颜色】命令能使图像达到什么效果？

答：该命令可以搜索图像中的明暗程度来表现图像的暗调、中间调和高光，以自动调整图像的对比度和颜色。执行该命令后无需调整参数。

拓展知识

显示器、扫描仪、打印机等设备都有特定的色彩空间，了解这些色彩空间有助于各类设计和打印等工作，下面就从色域和溢色两个方面进行介绍。

1. 色域

色域是指设备能够产生的色彩范围，自然界中的光谱颜色组成了最大的色域空间，包括人眼能见的所有颜色。国际照明委员会根据人眼视觉的特性，将光波的波长转换为了亮度和色相，创建了一套描述色域的色彩数据。其中，Lab 模式的色域最广，其次是 RGB 模式，最小的是 CMYK 模式。

2. 溢色

显示器的颜色模式为 RGB 模式，打印机的颜色模式为 CMYK 模式，根据上述知识可知，显示器的颜色范围要比打印机广，因此，我们会发现，显示器能显示出的一些颜色，通过打印机打印出来之后会有偏差，不能准确地输出。这些不能被准确输出的颜色，就称为溢色。

在 Photoshop CS6 中，使用"拾色器"或"颜色"面板设置颜色时，若出现溢色，

Photoshop CS6 会给出警告信息。例如，在"拾色器"对话框中，在选取的颜色显示位置的右侧会出现叹号和一个与溢色颜色相近的小色块，单击该色块即可用它来替换溢色。

课后练习

（1）对图 10-38 所示的"园林"图像进行调色，校正其偏红的色彩，效果如图 10-39 所示。

图 10-38 "园林"图像　　　　　　　　　　图 10-39 校正后的效果

素材所在位置 素材文件 \ 项目十 \ 课后练习 \ 园林 .psd
效果所在位置 效果文件 \ 项目十 \ 课后练习 \ 园林后期 .psd

高清彩图

（2）对"自行车 .jpg"图像文件进行编辑，制作怀旧色彩，如图 10-40 所示。先调整出基本的偏红的黄色调，再通过【色相 / 饱和度】命令进行修饰，效果如图 10-41 所示。

高清彩图

图 10-40 "自行车"图像　　　　图 10-41 调整后的效果

素材所在位置 素材文件 \ 项目十 \ 课后练习 \ 自行车 .jpg
效果所在位置 效果文件 \ 项目十 \ 课后练习 \ 怀旧色调 .psd

11 项目十一
使用 3D

情景导入

米拉在制作海报时，想将文字和一些对象处理成 3D 效果，这样能增强海报的视觉冲击力，但是这类 3D 软件太复杂了，米拉不会用。老洪了解情况后告诉米拉，Photoshop CS6 也提供 3D 功能，可以制作一些简单的 3D 效果，米拉听了之后，赶紧请老洪给她讲解使用方法。

学习目标

✔ 掌握制作炫酷 3D 文字的方法。

如创建 3D 文字、调整 3D 文字的形状和位置、添加 3D 材质等。

✔ 掌握制作 3D 酒瓶的方法。

如创建 3D 酒瓶、设置酒瓶材质、渲染文件等。

案例展示

▲炫酷 3D 文字

▲ 3D 酒瓶

任务一 制作"炫酷 3D 文字"图像

对于海报中的一些 3D 立体字效果，以往需要通过各种复杂的绘制才能得到，或通过 3D 软件制作成图片，再导入 Photoshop CS6 中处理。Photoshop CS6 新增的 3D 功能，可以帮助用户轻松制作 3D 文字和 3D 图形效果。

【任务目标】

使用 3D 功能制作"炫酷 3D 文字"图像。在制作时，先打开素材文件，然后创建 3D 文字，调整 3D 文字的形状和位置，并添加 3D 材质，最后保存图像即可。通过本任务的学习，用户可以掌握在 Photoshop CS6 中创建 3D 对象的方法和 3D 功能的使用等内容。本任务制作完成后的效果如图 11-1 所示。

图 11-1 "炫酷 3D 文字"图像

 素材所在位置 素材文件 \ 项目十一 \ 任务一 \ 夜景 .psd
效果所在位置 效果文件 \ 项目十一 \ 任务一 \ 炫酷 3D 文字 .psd

高清彩图

【相关知识】

本任务的制作过程涉及 3D 功能的使用，下面介绍 3D 操作界面、3D 文件的组件，以及 3D 工具等。

（一）3D 功能概述

Photoshop CS6 可打开并处理使用 3ds Max、Maya、Alias、GoogleEarth 等软件创建的 3D 文件。

1. 3D 操作界面

在 Photoshop CS6 中打开 3D 文件时，会自动切换到 3D 操作界面，如图 11-2 所示。Photoshop CS6 能保留对象的纹理、渲染和光照信息，并将 3D 模型放在 3D 图层上，在其下面的条目中显示对象的纹理。

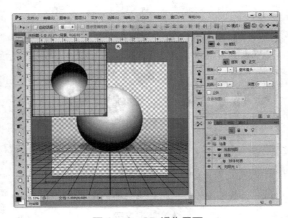

图 11-2 3D 操作界面

2. **3D 文件的组件**

3D 文件包含网格、材质和光源组件。其中，网格相当于 3D 模型的骨骼；材质相当于
3D 模型的皮肤；光源相当于日光和白炽灯，用于照亮 3D 场景。

● **网格**：提供了 3D 模型的底层结构，由许多多边形框架组成线框，在 3D 面板中单
击"显示所有场景元素"按钮，在"属性"面板中显示图 11-3 所示的参数。在
Photoshop CS6 中，可以使用多种渲染模式查看网格，也可以在 2D 图层中创建
3D 网格，但编辑 3D 模型最好是在 3D 程序中。

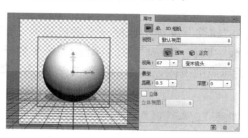

图 11-3　网格

● **材质**：一个 3D 对象可被赋予多种材质，以控制 3D 对象的外观。材质用于模拟各
种纹理和质感，如颜色、图案、反光等。
● **光源**：光源包括点光、聚光灯和无限光。在 Photoshop CS6 中，可移动和调整现
有光照的颜色和强度，也可添加新的光源。

（二）3D 工具

打开 3D 文件后，选择"移动工具"，其工具属性栏中的 3D 工具将被激活，如图
11-4 所示。使用这些工具可调整 3D 模型的大小、位置、视图和光源等。

图 11-4　3D 工具

1. **调整 3D 对象**

调整 3D 对象的工具主要包括以下 5 种。

● **旋转 3D 对象工具**：单击该按钮，在 3D 模型上单击，选择模型，然后在模型上下
拖动鼠标，可使模型围绕其 x 轴旋转，在模型两侧拖动鼠标可使其绕 y 轴旋转，按
住【Alt】键的同时，拖动鼠标可以滚动模型。
● **滚动 3D 对象工具**：单击该按钮，在 3D 对象两侧拖动鼠标，可以使模型围绕 z 轴
旋转。
● **拖动 3D 对象工具**：单击该按钮，在 3D 对象两侧拖动鼠标，可沿水平方向移动模
型，在模型上下拖动鼠标，可沿垂直方向移动模型，按住【Alt】键的同时，拖动
鼠标可沿 x/z 轴方向移动模型。
● **滑动 3D 对象工具**：单击该按钮，在 3D 对象两侧拖动鼠标，可沿水平方向移动模
型，在模型上下拖动鼠标，可将模型移近或移远，按住【Alt】键拖动鼠标，可沿
x/y 轴方向移动模型。
● **缩放 3D 对象工具**：单击该按钮，再单击 3D 对象并上下拖动鼠标，可放大或缩小
模型；按住【Alt】键的同时在拖动鼠标，可沿 z 轴方向缩放模型；再按住【Shift】

键并拖动鼠标，可将旋转、平移、滑动和缩放操作限制在单一方向进行。

2. 调整 3D 相机

进入 3D 操作界面后，在模型以外的空间单击，可使用 3D 工具调整相机视图，同时保持 3D 对象的位置不变。

3. 通过 3D 轴调整 3D 对象

选择 3D 对象后，对象会出现 3D 轴，如图 11-5 所示，显示模型在当前 x、y 和 z 轴的方向。将鼠标指针移至 3D 轴上，使其呈高亮显示，然后拖动鼠标，即可移动、旋转和缩放 3D 对象。

4. 使用预设的视图观察 3D 模型

调整 3D 相机时，可在"属性"面板中选择一个相机视图，如左视图、右视图和俯视图等，如图 11-6 所示。在面板中调整"缩放"值，可让模型产生靠近或远离效果；调整"景深"参数，可让一部分对象处于焦点范围内，焦点范围外的部分产生模糊效果，使画面形成景深效果。

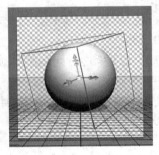
图 11-5　3D 轴

图 11-6　视图

【任务实施】

（一）创建 3D 文字

在"夜景 .jpg"图像中添加文字，并将文字改为 3D 立体文字，具体操作如下。

微课视频
创建 3D 文字

（1）打开"夜景 .jpg"图像文件，选择"矩形选框工具"，在工具属性栏中设置羽化为"40"像素，按住【Shift】键，在图像上下两端绘制矩形选区，如图 11-7 所示。

（2）选择【滤镜】/【模糊】/【高斯模糊】菜单命令，打开"高斯模糊"对话框，设置"半径"为"4.0"像素，单击　确定　按钮，如图 11-8 所示。

图 11-7　绘制选区

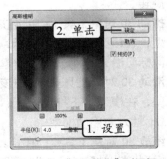
图 11-8　"高斯模糊"对话框

（3）得到高斯模糊图像后，选择横排文字工具，单击鼠标左键定位文本插入点，输入字母"K"，如图 11-9 所示。

（4）在"图层"面板中选择新建的文字图层，选择【文字】/【凸出为 3D】菜单命令，将文字凸出为 3D 效果，如图 11-10 所示。

图 11-9　输入文字

图 11-10　将文字凸出为 3D 效果

将文字更改为 3D 效果

　　选择【3D】/【从所选图层新建 3D 凸出】菜单命令，也可将选择的文字图层中的文字更改为 3D 效果。

（二）调整 3D 文字的形状和位置

　　3D 文字创建后，可调整文字的形状和位置，具体操作如下。

微课视频

调整 3D 文字的形状和位置

（1）选择移动工具，在"3D"面板中选择"K"，如图 11-11 所示，切换到"属性"面板，选择"形状预设"为"枕状膨胀"，如图 11-12 所示，得到的图像效果如图 11-13 所示。

图 11-11　选择"K"

图 11-12　选择形状预设

图 11-13　文字立体效果

（2）在工具属性栏中选择"旋转 3D 对象工具"。将鼠标指针移至图像编辑窗口中，将 3D 文字"K"拖动至合适位置后，释放鼠标左键，如图 11-14 所示。

图 11-14　调整 3D 对象位置

（三）添加 3D 材质

默认的黑色文字并不能产生强烈的视觉效果，因此还需要为 3D 对象添加材质，使其看起来更加酷炫，具体操作如下。

（1）在"3D"面板中选择"滤镜材质"按钮，如图 11-15 所示。

（2）在"属性"面板中单击材质球右侧的下拉按钮，在打开的下拉列表中选择"光面塑料"选项，如图 11-16 所示。

微课视频

添加 3D 材质

（3）单击"漫射"右侧的色块，打开"拾色器（漫射颜色）"对话框，在其中将漫射颜色设置为紫色（R9，G4，B45），将"镜像"设置为灰色，"发光"和"环境"设置为黑色，单击"环境"右侧的按钮，载入需要的纹理，然后设置相应的参数，得到的文字效果如图 11-17 所示。

图 11-15　选择类型

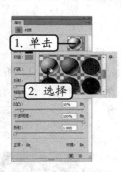

图 11-16　选择材质

图 11-17　文字效果

（4）选择横排文字工具，在文字上下两端输入英文文字，并填充白色，如图 11-18 所示。

（5）将文字图层转换为普通图层，使用橡皮擦工具擦除部分文字，得到图 11-19 所示的图像效果，完成本任务的制作。

图 11-18　输入文字

图 11-19　擦除部分文字后的图像

任务二 制作"3D 酒瓶"

在没有合适素材的情况下，经常需要在 3D 软件中将相应的 3D 对象制作好之后，渲染成图片，再导入 Photoshop CS6 中进行处理。Photoshop CS6 加入 3D 功能后，可以制作简单的 3D 对象和 3D 立体文字，解决了很大一部分 3D 制作问题。本任务将介绍 3D 材质和渲染图像。

【任务目标】

使用 Photoshop CS6 的 3D 功能，制作一个"3D 酒瓶"图像。制作时，先创建酒瓶，然后为酒瓶设置材质，并贴上标签，最后渲染。通过本任务的学习，用户可以掌握 Photoshop CS6 中 3D 功能的使用方法。本任务制作完成后的最终效果如图 11-20 所示。

图 11-20 "3D 酒瓶"图像

 素材所在位置 素材文件 \ 项目十一 \ 任务二 \ 标签 .jpg
效果所在位置 效果文件 \ 项目十一 \ 任务二 \3D 酒瓶 .psd

高清彩图

【相关知识】

制作"3D 酒瓶"图像涉及"3D"面板的使用，需要为对象设置不同的材质。

（一）"3D"面板

选择 3D 图层后，"3D"面板中会显示与之关联的 3D 文件组件。面板顶部包含"场景"按钮、"网格"按钮、"材质"按钮和"光源"按钮，单击这些按钮，可以在该面板中显示相关的组件和内容。

1. 3D 场景设置

设置 3D 场景可以更改渲染模式、选择要绘制的纹理或创建横截面。单击"3D"面板中的"场景"按钮，面板中会列出场景中的所有选项，如图 11-21 所示。

2. 3D 网格设置

单击"3D"面板顶部的"网格"按钮，面板中只显示网格组件，此时可在"属性"面板中设置网格属性，如图 11-22 所示。

图 11-21 设置 3D 场景

图 11-22 设置 3D 网格

3. 设置 3D 材质

单击"3D"面板顶部的"材质"按钮，面板中列出 3D 文件中使用的材质，此时可在

"属性"面板中设置材质属性，如图 11-23 所示。若模型包含多个网格，则每个网格可能会有与之关联的特定材质。

4. 3D 光源设置

3D 光源可以从不同角度照亮模型，从而添加逼真的深度和阴影。单击"3D"面板顶部的"光照"按钮，面板会列出场景包含的全部光源。Photoshop CS6 提供了点光、聚光灯和无限光，每种光都有不同的选项和设置方法，在"属性"面板中可调整光源的参数，如图 11-24 所示。

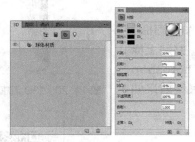
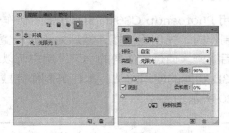

图 11-23 设置 3D 材质　　　　图 11-24 设置 3D 光源

（二）渲染 3D 模型

完成文件编辑之后，即可执行渲染操作，一般使用预设模式进行渲染即可。在"3D"面板的场景模式下，选择整个场景，然后在"属性"面板的"预设"下拉列表中选择一个渲染选项进行渲染，如图 11-25 所示。

图 11-25 渲染模式

【任务实施】

（一）创建 3D 酒瓶

首先新建文档，并利用 Photoshop CS6 自带的 3D 功能创建酒瓶，具体操作如下。

(1) 选择【文件】/【新建】菜单命令，在打开的"新建"对话框中，新建宽为"30 厘米"，高为"20 厘米"，分辨率为"300 像素/英寸"的空白文件。

(2) 单击"图层"面板下方的"创建新图层"按钮，新建"图层 1"，选择【3D（D）】/【从图层新建网格】/【网格预设】/【酒瓶】菜单命令，如图 11-26 所示。

(3) 此时自动转换到"3D"面板，并新建一个未附材质的酒瓶，如图 11-27 所示。

微课视频

创建 3D 酒瓶

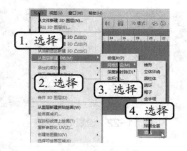
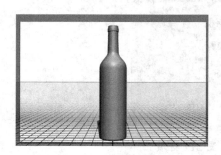

图 11-26 选择新建【酒瓶】的菜单命令　　　　图 11-27 新建酒瓶

（二）设置酒瓶材质

Photoshop CS6 中创建的酒瓶有 3 种对象，分别为标签、玻璃和木塞，下面需要为这些对象附加不同的材质，具体操作如下。

（1）在"3D"面板中选择"木塞材质"选项，在"属性"面板中单击材质球右侧的下拉按钮，在打开的下拉列表中选择"巴沙木"选项，如图 11-28 所示。附加了"巴沙木"材质的木塞效果如图 11-29 所示。

图 11-28　为木塞附加"巴沙木"材质

图 11-29　木塞效果

（2）在"3D"面板中选择"玻璃材质"选项，在"属性"面板中单击材质球右侧的下拉按钮，在打开的下拉列表中选择"黑缎"选项，如图 11-30 所示。附加了"黑缎"材质的酒瓶效果如图 11-31 所示。

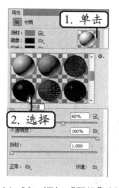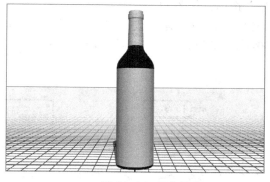

图 11-30　添加"黑缎"材质

图 11-31　酒瓶效果

（3）在"3D"面板中选择"标签材质"选项，在"属性"面板中单击材质球右侧的下拉按钮，在打开的下拉列表右侧单击 ✿ 工具按钮，在打开的下拉列表中选择"新建材质"选项，如图 11-32 所示。

（4）打开"新建材质预设"对话框，直接单击 确定 按钮。此时在材质球列表的末尾新建一个空白的材质球，选择该材质球，在"属性"面板下方单击"正常"右侧的 按钮，在打开的下拉列表中选择"载入纹理"选项，如图 11-33 所示。

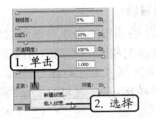

图 11-32　新建材质　　　　　图 11-33　载入纹理

（5）在打开的"打开"对话框中选择图像文件"标签 .jpg"，单击 `打开(O)` 按钮，如图
11-34 所示。此时"标签 .jpg"图像即被赋予"标签材质"，如图 11-35 所示。

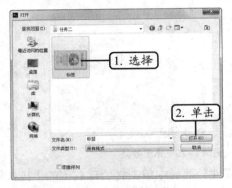

图 11-34　打开"标签"图像文件　　　　　图 11-35　赋予标签材质

（6）再次单击"属性"面板下方"正常"右侧的 按钮，在打开的下拉列表中选择"编辑
UV 属性"选项，如图 11-36 所示。

（7）打开"纹理属性"对话框，设置"U 比例"为"200%"，"V 比例"为"200%"，"U 位移"
为"-30%"，"V 位移"为"0%"，单击 `确定` 按钮，如图 11-37 所示。

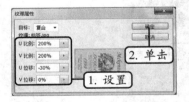

图 11-36　选择"编辑 UV 属性"选项　　　图 11-37　编辑纹理属性

（8）附加不同材质后的酒瓶效果如图 11-38 所示。

图 11-38　酒瓶效果

UV 纹理

UV 纹理是一个新的概念，对于熟悉 3D 制作的用户来说，UV 的制作比较简单，主要是根据 UV 坐标来绘制 3D 对象的纹理贴图，以便更好地与 3D 对象衔接。

（三）渲染文件

制作完成后，即可渲染 3D 图像，具体操作如下。

微课视频

渲染文件

（1）在"3D"面板中选择"场景"选项，在"属性"面板的"预设"下拉列表中选择"默认"选项，单击面板下方的"渲染"按钮 ⊡，如图 11-39 所示。

（2）开始渲染，如图 11-40 所示，渲染时会出现一个正方形的移动网格。

图 11-39 选择渲染选项

图 11-40 开始渲染

（3）渲染完成后，保存文件即可。

实训一　拆分 3D 对象

【实训要求】

拆分 3D 对象，在文件中制作完成 3D 对象后，再将其拆分。通过本实训的学习，用户可掌握拆分 3D 对象的方法。

【实训思路】

使用钢笔工具绘制图像的路径，然后通过路径凸出 3D 对象，再对对象进行拆分。参考效果如图 11-41 所示。

微课视频

拆分 3D 对象

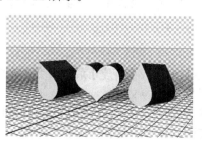

图 11-41 拆分 3D 对象

高清彩图

效果所在位置 效果文件 \ 项目十一 \ 实训一 \3D 对象 .psd

【步骤提示】

（1）新建"600 像素 ×400 像素"，分辨率为"72 像素 / 英寸"的图像文件。新建"图层 1"，使用自定形状工具在其中绘制 3 个路径，在制作时，将这 3 个路径合并到同一个路径层中。

（2）使用【从所选路径新建 3D 凸出】菜单命令，为这 3 个路径制作 3D 凸出对象。使用旋转 3D 对象工具旋转 3D 对象。

（3）选择【3D】/【拆分凸出】菜单命令，将这 3 个对象拆分开，然后选择任意一个对象进行调整，改变其旋转位置。最后保存文件即可。

实训二 制作"心墙"3D 素材

【实训要求】

　　绘制路径，制作 3D 凸出对象，并为其赋予材质，完成后的效果如图 11-42 所示。通过该实训的制作，可以掌握从路径创建 3D 对象的方法，并巩固为 3D 对象赋予材质的操作。

高清彩图

图 11-42 "心墙"3D 素材

【实训思路】

　　先绘制图像的路径，然后通过凸出 3D 对象，再为其赋予材质。

效果所在位置 效果文件 \ 项目十一 \ 实训二 \ 心墙 .psd

【步骤提示】

（1）启动 Photoshop CS6，选择【文件】/【新建】菜单命令，新建一个"600 像素 ×400 像素"，分辨率为"72 像素 / 英寸"的图像文件。

（2）新建"图层 1"，选择"自定形状工具" ，在其工具属性栏中设置模式为"路径"，将形状设置为心形，然后在图像窗口中绘制一个心形路径。

（3）选择【3D】/【从所选路径新建 3D 凸出】菜单命令，基于路径生
成 3D 对象。

制作"心墙"3D
素材

（4）使用"旋转 3D 对象工具" ，在画面中拖动鼠标，调整对象的角度。

（5）选择"3D 材质吸管工具" ，在模型正面单击，选择材质。在"属
性"面板中单击材质球右侧的下拉按钮 ，在打开的下拉列表中选
择"石砖"选项。

（6）选择"3D 材质吸管工具" ，在模型侧面单击，选择材质，然后
在"属性"面板中同样为侧面添加"石砖"材质。最后保存文件即可。

常见疑难解析

问：在 Photoshop CS6 中可以编辑哪种格式的 3D 文件？

答：在 Photoshop CS6 中可以打开和编辑 U3D、3DS、OBJ、KMZ、DAE 格式的 3D 文件。

问：在 Photoshop CS6 中可以为 3D 对象添加图片纹理吗？

答：可以，在"3D"面板中选择对象的纹理层，在"属性"面板中设置"漫射"中的图像，从而为 3D 对象添加图片纹理。

拓展知识

1. 存储 3D 文件

3D 文件制作完成后，若要保留文件中的 3D 内容，包括位置、光源、渲染模式等信息，就得将文件保存为 PSD、PDF 或 TIFF 格式。

2. 合并 3D 图层

在 Photoshop CS6 中，还可将多个 3D 图层合并到一个图层中。在"图层"面板中选择需要合并的 3D 图层，选择【3D（D）】/【合并 3D 图层】菜单命令，将 3D 对象合并到一个图层的场景中，合并后既可单独处理每一个对象，也可同时调整所有对象的位置。

3. 合并 3D 文件和 2D 文件

打开一个 2D 的文件，选择【3D（D）】/【从文件新建图层】菜单命令，在打开的对话框中选择一个 3D 文件，将其打开，即可将该 3D 文件与 2D 文件合并。

4. 将 3D 图层转换为智能对象

在"图层"面板中选择 3D 图层，然后在该面板的面板菜单列表中选择"转换为智能对象"选项，即可将 3D 图层转换为智能对象。转换后的智能对象中还保存着 3D 图层的 3D 信息，若要重新编辑 3D 内容，可直接双击智能对象图层，进入 3D 编辑模式。对该智能图层同样可应用智能滤镜。

课后练习

（1）从文字中创建 3D 对象，需要使用 "3D" 菜单中的【从所选图层新建 3D 凸出】菜单命令或【文字】/【凸出为 3D】菜单命令，完成后的效果如图 11-43 所示。

高清彩图

图 11-43　从文字中创建 3D 对象

　效果所在位置　效果文件 \ 项目十一 \ 课后练习 \ 文字 3D.psd

（2）通过文字创建 3D 对象，然后拆分 3D 对象，调整拆分后文字的旋转角度和位置，并为文字添加材质，效果如图 11-44 所示。

高清彩图

图 11-44　拆分 3D 文字

　效果所在位置　效果文件 \ 项目十一 \ 课后练习 \ 拆分 3D 文字 .psd

12 项目十二
使用动作与输出

情景导入

米拉把设计的作品打印出来看看效果，发现打印出来的效果不对，老洪查看后发现是因为纸张大小选择不正确，通过老洪的介绍，米拉才明白打印前还需要设置相应的参数，并且用于印刷的图像作品，还需要设置色彩模式等印刷参数。

学习目标

✔ **掌握批量处理图像的方法。**

如创建动作、应用动作、设置批处理文件等。

✔ **掌握输出"婚礼签到墙"广告的方法。**

如转换为 CMYK 模式、打印页面设置、打印选区等。

案例展示

▲批量处理图像

▲"婚礼签到墙"广告

任务一　批量处理图像

动作就是回放单个文件或一批文件的命令。大多数命令和工具操作都可以记录在动作中。本任务主要介绍动作的使用和批处理文件的方法。

【任务目标】

使用动作和批处理命令来处理"植物"文件夹中的图像。先将对一幅图像的操作录制下来，然后根据需要对图像进行批量处理，快速处理大量图像。通过本任务的学习，用户可以掌握在 Photoshop CS6 中创建动作、应用动作和使用批处理的相关操作。本任务制作完成后的效果如图 12-1 所示。

图 12-1　批量处理图像

素材所在位置　素材文件 \ 项目十二 \ 任务一 \ 植物 \1.jpg、2.jpg、3.jpg、4.jpg、5.jpg、6.jpg、7.jpg、8.jpg、9.jpg、10.jpg

效果所在位置　效果文件 \ 项目十二 \ 任务一 \ 植物 \

高清彩图

【相关知识】

在 Photoshop CS6 中，可以将对图像进行的一系列操作，按顺序录制到"动作"面板中，然后可以在后面的操作中，通过播放存储的动作来对不同的图像重复执行这一系列的操作。使用"动作"功能，可以对图像进行自动化操作，从而大大提高工作效率。

（一）"动作"面板

在 Photoshop CS6 中，自动应用的一系列命令称为"动作"。"动作"面板提供了很多自带的动作，如图像效果、处理、文字效果、画框和文字处理等。选择【窗口】/【动作】菜单命令，打开图 12-2 所示的"动作"面板。"动作"面板中各组成部分的作用如下。

图 12-2　"动作"面板

- **动作序列**：也称动作集，Photoshop CS6 提供了"默认动作""图像效果"和"纹理"等多个动作序列，每一个动作序列又包含多个动作，单击"展开动作"按钮▶，可以展开动作序列或动作的操作步骤及参数设置，展开后单击▼按钮可再次折叠动作序列。
- **动作名称**：每一个动作序列或动作都有一个名称，以便于用户识别。
- **"停止播放 / 记录"按钮 ■**：单击该按钮，可以停止正在播放的动作，或在录制新动作时，暂停动作的录制。
- **"开始记录"按钮 ●**：单击该按钮，可以开始录制一个新的动作，在录制过程中，该按钮显示为红色。
- **"播放选定的动作"按钮 ▶**：单击该按钮，可以播放当前选定的动作。
- **"创建新组"按钮 ▢**：单击该按钮，可以新建一个动作序列。
- **"创建新动作"按钮 ▢**：单击该按钮，可以新建一个动作。

- **"删除"按钮 🗑**：单击该按钮，可以删除当前选定的动作或动作序列。
- **✔ 按钮**：若动作组、动作和命令前显示有该图标，则表示这个动作组、动作和命令可以执行；若动作组或动作前没有该图标，则表示该动作组或动作不能执行；若某命令前没有该图标，则表示该命令不能执行。
- **⊟图标**：✔按钮后的⊟图标，用于控制当前执行的命令是否需要打开对话框。⊟图标显示为灰色时，表示暂停要播放的动作，并打开一个对话框，可从中设置参数；⊟图标显示为红色时，表示该动作的部分命令包含了暂停操作。
- **展开与折叠动作**：在动作组和动作名称前都有一个三角按钮，当三角按钮呈▶状态时，单击该按钮可展开组中的所有动作或动作执行的命令，此时该按钮变为▼状态；再次单击该按钮，可隐藏组中的所有动作和动作执行的命令。

（二）动作的创建与保存

用户可以将自己制作的图像效果，如画框效果、文字效果等制作成动作保存在计算机中，以避免重复的处理操作。

1. 创建动作

打开要制作动作范例的图像文件，切换到"动作"面板，单击面板底部的"创建新组"按钮 📁，打开图 12-3 所示的"新建组"对话框。单击面板底部的"创建新动作"按钮 🔲，打开"新建动作"对话框进行设置，如图 12-4 所示。

图 12-3 "新建组"对话框　　　　图 12-4 "新建动作"对话框

对话框中各参数的作用如下。

- **名称**：在文本框中输入新动作的名称。
- **组**：在该下拉列表中选择放置动作的动作序列。
- **功能键**：在该下拉列表中为记录的动作选择一个功能键，按下功能键即可运行对应的动作。
- **颜色**：在该下拉列表中选择录制动作色彩。

用户可根据需要对当前图像进行操作，进行的每一步操作都将在"动作"面板中记录相关的操作项及参数，如图 12-5 所示。记录完成后，单击"停止播放/记录"按钮 ■ 完成操作。创建的动作将自动保存在"动作"面板中。

图 12-5 记录动作

2. 保存动作

用户创建的动作将暂时保存在 Photoshop CS6 的"动作"面板中，每次启动 Photoshop CS6 后即可使用。若不小心删除了动作，或重新安装 Photoshop CS6，用户手动制作的动作将消失。因此，应将这些创建好的动作以文件的形式保存，需使用时，再通过加载文件的形式，载入"动作"面板中。

选择要保存的动作序列，单击"动作"面板右上角的 ▼ 按钮，在打开的下拉列表中选择"存储动作"选项，在打开的"存储"对话框中可指定保存位置和文件名，如图 12-6 所示，完成后单击 保存(S) 按钮，即可将动作以 ATN 文件格式保存。

图 12-6 存储动作

（三）使用【批处理】命令

对图像应用【批处理】菜单命令前，先通过"动作"面板录制对图像执行的各种操作，并保存为动作，进而进行批处理操作。打开需要批处理的所有图像文件或将所有文件移动到同一文件夹中。选择【文件】/【自动】/【批处理】菜单命令，打开"批处理"对话框，如图 12-7 所示。

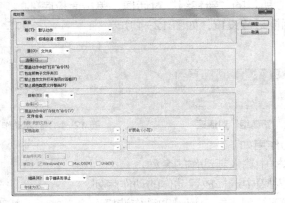

图 12-7 "批处理"对话框

对话框中部分选项的含义如下。

● **组**：用于选择要执行的动作所在的组。

● **动作**：用于选择要应用的动作。

● **源**：用于选择需要批处理的图像文件来源。选择"文件夹"选项，单击▾按钮可查找并选择需要批处理的文件夹；选择"导入"选项，可导入从其他途径获取的图像，从而进行批处理操作；选择"打开的文件"选项，可对所有打开的图像文件应用动作；选择"Bridge"选项，可对文件浏览器中选择的文件应用动作。

● **目标**：用于选择处理文件的目标。选择"无"选项，表示不对处理后的文件做任何操作；选择"存储并关闭"选项，可存储并关闭进行批处理的文件以覆盖原来的文件；选择"文件夹"选项，并单击下面的 选择(C)... 按钮，可选择目标文件保存的位置。

● **文件命名**：在"文件命名"栏中的 6 个下拉列表中，可指定目标文件生成的命名形式。还可指定文件名的兼容性，如兼容 Windows、MacOS 以及 Unix 操作系统。

● **错误**：可在该下拉列表中指定出现操作错误时，软件的处理方式。

【任务实施】

（一）创建动作

批量处理文件夹中的图像，由于图像比较多，因此需要创建动作，从而节省处理时间，具体操作如下。

（1）打开"1.jpg"图像文件，如图 12-8 所示。

（2）选择【窗口】/【动作】菜单命令，打开"动作"面板，单击面板下方的"新建动作"按钮，打开"新建动作"对话框。

（3）在"名称"文本框中输入"更改大小"，在"颜色"下拉列表中选择"紫色"选项，单击 记录 按钮，如图 12-9 所示。

图 12-8 "1.jpg"图像文件

图 12-9 新建动作

知识提示

为动作定义快捷键

在"新建动作"对话框的"功能键"下拉列表中可选择一个按键，并激活后方的"Shift"和"Control"复选框，结合这两个复选框可设置动作的快捷键。下次使用该动作时，直接按该快捷键即可。

（4）此时开始录制动作。选择【图像】/【图像大小】菜单命令，打开"图像大小"对话框。选中"约束比例"复选框，在"像素大小"栏的"宽度"文本框中输入"510"像素，"高度"文本框也将随之改变，然后单击 确定 按钮，如图 12-10 所示。

（5）选择【文件】/【存储为】菜单命令，打开"存储为"对话框，在"保存在"下拉列表中选择文件的保存位置，名称为默认的名称，在"格式"下拉列表中选择 PNG 选项，单击 保存(S) 按钮，如图 12-11 所示。

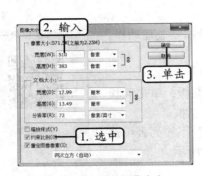

图 12-10　更改图像大小　　　　　　　　图 12-11　设置保存参数

（6）打开"PNG 选项"对话框，保持默认设置，单击 确定 按钮，如图 12-12 所示。

（7）需要执行的操作已录制完毕，此时"动作"面板的新建动作下列出了执行的相关操作，如图 12-13 所示，单击"停止播放／记录"按钮 ，结束录制。

图 12-12　"PNG 选项"对话框　　　　　　图 12-13　结束录制

（8）单击图像窗口右上角的"关闭"按钮 ，关闭图像。

（二）应用动作

动作录制完成后，即可应用动作，具体操作如下。

（1）打开"2.jpg"图像文件，如图 12-14 所示。

（2）在右侧的面板组中单击"动作"按钮 ，打开"动作"面板。在其中选择"更改大小"动作，然后单击面板底部的"播放选定的动作"按钮 。

（3）此时自动对"2.jpg"图像应用"更改大小"动作中的动作，即更改图像尺寸，然后将图像以 PNG 格式保存到"1.png"图像所在的位置，如图 12-15 所示。

（4）单击图像窗口右上角的"关闭"按钮 ，关闭图像。

微课视频

应用动作

图 12-14　"2.jpg"图像文件

图 12-15　保存图像

（三）设置批处理文件

　　由于图像太多，一幅幅地打开并使用动作来处理仍然需要花费不少时间，因此需要通过批处理来快速处理这些文件，具体操作如下。

（1）选择【文件】/【自动】/【批处理】菜单命令，如图 12-16 所示，打开"批处理"对话框。

（2）在对话框的"源"栏中单击 选择(C)... 按钮，打开"浏览文件夹"对话框，在其中选择图像文件所在的位置，如图 12-17 所示，然后单击 确定 按钮。

微课视频

设置批处理文件

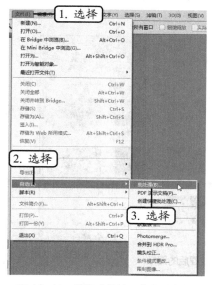

图 12-16　选择【批处理】菜单命令

图 12-17　选择源文件夹

（3）返回"批处理"对话框，在"目标"栏中单击 选择(H)... 按钮，打开"浏览文件夹"对话框，在其中选择处理后的文件保存的位置，如图 12-18 所示，然后单击 确定 按钮。

（4）返回"批处理"对话框，如图 12-19 所示，其余选项不做更改，单击 确定 按钮。

图 12-18　设置文件保存位置

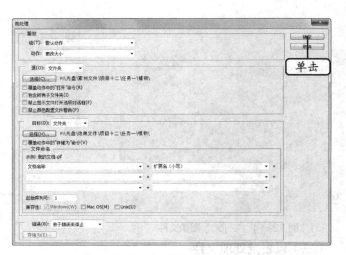

图 12-19　确认设置

默认使用新建的组和动作进行批处理

若在创建动作时，创建了新的组，则在"批处理"对话框中可以选择新的组，否则将自动选择默认的动作组。在"播放"栏的"动作"下拉列表中，默认将选择最新创建的动作。

（5）此时 Photoshop CS6 开始自动处理素材文件夹中的图像文件，并存储到指定的效果文件夹中，如图 12-20 所示。至此完成本任务的操作。

图 12-20　处理后的图像

批处理图像可以提高图像处理效率

若有大量图像需要进行同样的处理，动作与批处理这两个操作结合使用则可节省大量的时间，录制处理一幅图像的动作，然后将同样的处理方法应用在其他图像上，省时省力，这对于不需要精修的图像非常适用。

任务二　输出"婚礼签到墙"广告

　　图像处理完成后，接下来就将其打印输出，一般较大的图像可以先通过打印得到小样，所以，掌握正确的打印方法很重要。只有掌握打印输出的操作方法，才能将设计好的图像作品应用于室内装饰品、商业广告等。下面介绍图像的打印输出操作。

【任务目标】

　　使用 Photoshop CS6 进行印刷输出和打印输出图像的相关操作。通过本任务的学习，用户可以掌握印刷输出图像和打印输出图像的基本操作。本任务的图像效果如图 12-21 所示。

图 12-21　婚礼签到墙

 素材所在位置　素材文件\项目十二\任务二\婚礼签到墙 .psd

高清彩图

【相关知识】

　　在学习输出图像作品前，需要先了解打印输出的相关知识，如打印图像和打印页面的设置等。

（一）打印图像

　　在打印图像之前，需要对图像进行常规设置，包括设置打印图纸的大小、图纸放置方向、打印机的名称、打印范围和打印份数等参数。

　　选择【文件】/【打印】菜单命令，在打开的"Photoshop 打印设置"对话框中可以看到准备打印的图像在页面中所处的位置及图像尺寸等数据，如图 12-22 所示，主要选项的含义如下。

图 12-22　"Photoshop 打印设置"对话框

- **位置**：用于设置图像在图纸中的位置，系统默认在图纸居中放置，撤销选中"居中"复选框，可以在激活的选项和数值框中手动设置图像位置。
- **缩放后的打印尺寸**：用于设置图像在图纸中的缩放尺寸，选中"缩放以适合介质"复选框，系统会自动优化缩放。

（二）设置打印页面

在打印输出图像前，还应根据打印输出的要求设置纸张的布局和质量等参数。在 Photoshop CS6 中打开需要打印的图像文件，选择【文件】/【打印】菜单命令，在打开的对话框中单击 `打印设置...` 按钮，打开相应的"文档属性"对话框，如图 12-23 所示。在"纸张/质量"选项卡的"纸张来源"下拉列表中选择打印纸张的进纸方式，还可设置纸张尺寸等内容。

图 12-23　"文档属性"对话框

【任务实施】

（一）转换为 CMYK 模式

在印刷之前，必须先将图像的色彩模式转换为 CMYK 模式，否则印刷出的颜色将有很大色差。下面将需要打印的图像的色彩模式转换为 CMYK 模式，具体操作如下。

（1）打开"婚礼签到墙 .psd"图像文件。

（2）选择【图像】/【模式】/【CMYK 颜色】菜单命令，如图 12-24 所示，即可将色彩模式转换为 CMYK 模式。

微课视频

转换为 CMYK 模式

知识提示

转换色彩模式的注意事项

若图像文件存在多个图层，在转换为 CMYK 模式时，会打开拼合对话框，提醒用户拼合对象，以最大限度地还原图像。

（3）打开提示对话框，单击 `拼合(F)` 按钮，如图 12-25 所示。继续打开一个提示对话框，

单击 确定 按钮即可。

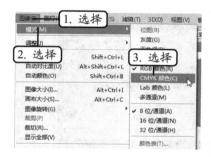

图 12-24　选择命令　　　　　　　　　图 12-25　确认拼合图像

（二）打印页面设置

打印的常规设置包括选择打印机的名称，设置"打印范围""份数""纸张尺寸大小""送纸方向"等参数，设置完成后即可打印，具体操作如下。

（1）选择【文件】/【打印】菜单命令，打开"Photoshop 打印设置"对话框。

（2）在"打印机设置"栏中选择打印机，在"份数"文本框中输入"5"，单击"版面"右侧的"横向打印纸张"按钮 📷，如图 12-26 所示。

（3）单击"位置和大小"栏前的三角形按钮 ►，将其展开，在其中选中"缩放以适合介质"复选框。

（4）单击"打印标记"栏前的三角形按钮 ►，将其展开，在其中选中"角裁剪标志"复选框。

（5）单击"函数"栏前的三角形按钮 ►，将其展开，在其中单击 出血... 按钮，如图 12-27 所示。

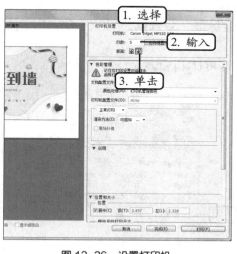

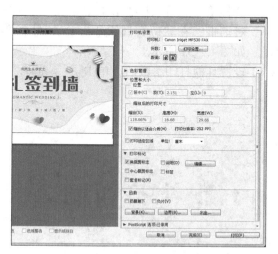

图 12-26　设置打印机　　　　　　　　　图 12-27　设置打印机

（6）打开"出血"对话框，在"宽度"文本框中输入"3"，单位为"毫米"，单击 确定 按钮，如图 12-28 所示。

（7）在"Photoshop 打印设置"对话框左侧的预览框内显示打印预览效果，如图 12-29 所示，

单击  按钮即可打印图像。

图 12-28　设置出血参数　　　　图 12-29　预览打印效果

打印图像的补充事项

　　当打印的图像区域超出了页边距时，执行打印操作后，将打开一个提示对话框，提示用户图像超出边界，如果要继续，则需要进行裁切操作，单击 取消 按钮取消打印，并重新设置打印图像的大小和位置。另外，对于不能在同一纸张上打印的较大图像，可使用打印拼接功能，将图像平铺打印到几张纸上，再将其拼贴起来形成完整的图像。

（三）打印选区

　　在 Photoshop CS6 中除了可打印整个图像外，还可单独打印某些图层，或者打印选区内的对象，具体操作如下。

微课视频

打印选区

（1）使用工具箱中的"矩形选框工具" ，框选图像中需要打印的部分创建选区，如图 12-30 所示。

（2）选择【文件】/【打印】菜单命令，打开"Photoshop 打印设置"对话框，在"位置和大小"栏中选中"打印选定区域"复选框，如图 12-31 所示。

（3）设置其他打印参数后，单击 打印(P) 按钮即可打印图像。

图 12-30　创建选区

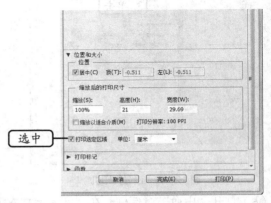

图 12-31　打印选定区域

隐藏的图层内容不能被打印输出

系统默认当前图像中所有可见图层上的图像都属于打印范围，因此图像处理完成后不必做任何改动。"图层"面板中隐藏的图层不能被打印输出，只需将"图层"面板中的所有图层全部显示，然后设置要打印图像的页面和进行打印预览后，就可以将其打印输出。

实训一　批量处理"婚纱"图像

【实训要求】

为文件夹中的所有图像转换色彩模式，为了一次处理多个图像文件，需要运用到 Photoshop CS6 的"批处理"功能。

【实训思路】

先创建转换色彩模式的相关动作，然后保存动作，最后使用批处理功能进行处理。参考效果如图 12-32 所示。

图 12-32　"婚纱"图像

 素材所在位置　素材文件\项目十二\实训一\照片\
效果所在位置　效果文件\项目十二\照片\

高清彩图

微课视频

批量处理"婚纱"图像

【步骤提示】

（1）将所有需要处理的图像移动到同一个文件夹中，打开其中一张图像，在"动作"面板中新建一个名称为"批处理"的动作组，并在该组中新建一个动作，进入记录动作状态。

（2）选择【图像】/【模式】/【CMYK 颜色】菜单命令，将当前图像转换为 CMYK 模式。

（3）选择【文件】/【存储为】命令，将图像存储为 TIFF 格式。然后单击"动作"面板中的"停止播放/记录"按钮■，"动作"面板中显示相关动作的记录。

（4）选择【文件】/【自动】/【批处理】菜单命令，在打开的对话框中将"组"设置为"批处理"，"动作"设置为"动作 1"。

（5）单击"源"下拉列表下的 选择(C)... 按钮，在打开的对话框中选择需要处理的文件夹。

（6）将"目标"设置为"文件夹"，单击其下的 选择(C)... 按钮，选择目标文件的存放位置，单击 确定 按钮即可完成批处理操作。

实训二　打印"入场券"图像

【实训要求】

将提供的"入场券"图像文件通过设置打印输出，预览效果如图 12-33 所示。

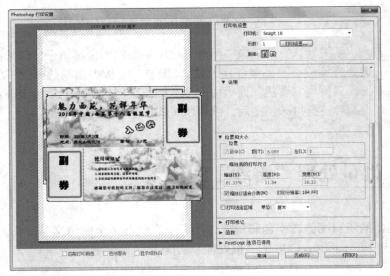

图 12-33　打印"入场券"图像

【实训思路】

先对图像进行印前相关准备工作，如转换图像色彩模式，查看图像分辨率、存储格式、色彩校对等相关操作。

　素材所在位置　素材文件 \ 项目十二 \ 实训二 \ 入场券 .psd

【步骤提示】

(1) 打开"入场券 .psd"图像文件，选择【图像】/【模式】/【CMYK模式】菜单命令，将图像转换为 CMYK 模式。

(2) 选择【文件】/【打印】菜单命令，打开打印设置对话框，设置页面大小，在左侧预览打印效果，在右侧设置打印参数。

(3) 在对话框中查看图像分辨率和色彩校对。

(4) 完成后单击　打印(P)　按钮打印图像。

微课视频

打印"入场券"图像

常见疑难解析

问：在 Photoshop CS6 中输入文字后，再执行其他命令，当记录下这些操作后，播放该动作时，为什么只能播放其他命令，而不能播放输入的文字？

答：在 Photoshop CS6 中用"动作"面板录制的书写文字，是不能播放的。

问：打印图像时，如何设置打印药膜选项？

答：如果是在胶片上打印图像，则应将药膜设置为"朝下"，若打印到纸张上，则一般选择打印正片。若直接将分色打印到胶片上，则得到负片。

问：什么是偏色规律？如果打印机出现偏色，该怎么解决？

答：所谓偏色规律，是指由于彩色打印机中的墨盒使用时间较长或其他情况，造成墨盒中的某种颜色偏深或偏浅，解决方法是：更换墨盒或根据偏色规律调整墨盒中的墨粉，如添加偏浅颜色墨盒的墨粉。为保证色彩正确，也可以请专业人员校准。

拓展知识

1. 动作的载入与播放

无论是用户创建的动作，还是 Photoshop CS6 提供的动作序列，都可通过播放动作的形式自动对其他图像实现相应的图像效果。

如果需要载入保存在硬盘上的动作序列，可以单击"动作"面板右上角的▼≡按钮，在打开的下拉列表中选择"载入动作"选项。在打开的"载入"对话框中查找需要载入的动作序列的名称和路径，即可将要载入的动作序列载入"动作"面板中。单击▼≡按钮，也可以直接选择动作列表底部相应的动作序列选项来载入，选择"复位动作"选项，可以将"动作"面板恢复到默认状态。

2. 创建快捷批处理方式

【创建快捷批处理】命令的操作方法与【批处理】命令相似，只是在创建快捷批处理方式后，在相应的位置会创建一个快捷方式图标▼，只需将需要处理的文件拖至该图标上，即可自动处理图像。

选择【文件】/【自动】/【创建快捷批处理】菜单命令，打开"创建快捷批处理"对话框，如图 12-34 所示，在该对话框中设置好快捷批处理和目标文件的存储位置以及需要应用的动作后，单击 确定 按钮。

打开存储快捷批处理的文件夹，在其中看到一个▼快捷图标，将需要应用该动作的文件拖到该图标上，即可自动完成图像的处理。

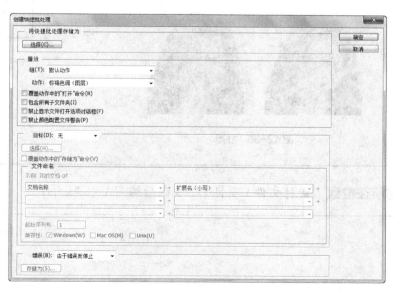

图 12-34 "创建快捷批处理"对话框

课后练习

（1）为提供的图像添加"木质画框"动作，制作前后的效果对比如图 12-35 所示。

图 12-35　添加动作前后的效果对比

素材所在位置　素材文件＼项目十二＼课后练习＼猫咪 .jpg
效果所在位置　效果文件＼项目十二＼课后练习＼猫咪 .psd

（2）对寸照进行打印操作，需要打印的寸照如图 12-36 所示。主要通过"Photoshop 打印设置"对话框设置图像的高度、宽度，以及图像在页面中的位置及方向。

图 12-36　寸照

素材所在位置　素材文件＼项目十二＼课后练习＼寸照 .jpg

13 项目十三
综合案例

情景导入

米拉已经基本学完了 Photoshop CS6 的所有功能，老洪最后告诉米拉，做设计除了需要灵感和天赋之外，还需要多练习，于是让米拉练习制作一个综合案例。米拉把这次练习当成了考核，很认真地完成了综合案例的制作。

学习目标

✔ **掌握鲜橙包装平面设计图和立体效果图的制作方法。**

如创建背景图像、制作产品主图、添加包装文字信息、制作包装立体效果图等。

✔ **掌握利用 Photoshop CS6 制作各类图像效果的方法。**

如制作"汽车广告""房地产广告"等。

案例展示

▲鲜橙包装平面设计图

▲鲜橙包装立体效果图

任务目标

包装设计的最终目的是促进销售、利于消费。销售针对生产者而言，消费针对消费者而言，这是一个问题的两个方面，对待这两个方面的态度、理解和认识，将决定包装设计的成败。所以，在进行包装设计时，要兼顾这两方面的因素，既要考虑生产者的利益，也要考虑到消费者的利益。销售的目的是获取利益，消费的目的是满足需求，设计师的目的是使它们合二为一，使包装设计既有利于促销，又有利于消费。

本任务要求制作一个鲜橙包装平面设计图和立体效果图，首先制作平面设计图，然后将其贴到立体易拉罐中，得到立体效果图。包装设计是平面设计的一种，在设计前需要了解平面设计的基础知识。

专业背景

使用 Photoshop CS6 能够进行许多类型的平面广告设计，如 DM 单广告设计、包装设计、书籍装帧设计等，下面进行介绍。

（一）平面设计的概念

设计是有目的的策划，对于平面设计来说，需要用视觉元素传播思想和理念，用文字和图形把信息传达给大众，让人们通过这些视觉元素了解广告画面表达的主题和中心思想，达到设计的目的。

（二）平面设计的种类

平面设计的种类较多，主要有以下 8 种类型。

1. DM 单广告设计

DM 单是指向特定消费者以邮件方式寄送广告的宣传方式，是作用仅次于电视、报纸的第三大平面媒体。DM 单广告是目前非常普遍的广告形式，如图 13-1 所示。

图 13-1　DM 单

2. 包装设计

包装设计是指从保护产品、促进销售、方便使用的角度，为商品容器的结构造型和包装进行的美化、装饰设计，以达到美化生活和创造价值的目的，如图 13-2 所示。

3. 海报设计

海报又称为招贴，是指展示在公共场所的告示。海报特有的艺术效果是其他媒介无法比拟的。

4. 平面媒体广告设计

主流媒体包括广播、电视、报纸、杂志、互联网等。与平面设计有直接关系的主要是报纸、杂志、互联网，这些都可以称为平面媒体。

图 13-2　包装设计

5. POP 广告设计

POP 广告是指购物点广告或售卖点广告。凡应用于商业专场，提供有关产品信息，帮助产品成功销售的所有广告、宣传品，都可以称为 POP 广告。

6. 书籍设计

书籍设计又称为书籍装帧设计，用于塑造书籍的"体"和"貌"。"体"是为书籍制作盛装内容的容器，"貌"则是将内容传达给读者的外衣，书籍设计就是通过装饰将"体"和"貌"构成完美的统一体。

7. VI 设计

VI 设计的全称为 VIS（Visual Identity System）设计，意为视觉识别系统设计，是企业识别系统（Corporate Indentification System，CIS）中较具传播力和感染力的部分。

8. 网页设计

网页设计包含静态页面设计与后台技术衔接两大部分，它与传统平面设计的区别就是，最终展示给大众的形式不是依靠印刷技术来实现的，而是通过计算机屏幕展示出来的。

制作思路分析

在制作包装平面设计图前，首先需要了解包装的内容，根据产品选择一种颜色为主色调，然后将产品放到包装正面图中作为主要设计元素，最后添加文字效果，图文结合，得到平面设计图。

设计好包装平面设计图后，还需要将其进行立体化应用，才能让产品展示更加直观。本任务制作"鲜橙包装平面设计图"和"鲜橙包装立体效果图"，制作完成后的效果如图 13-3 所示。

图 13-3　包装平面设计图和立体效果图

素材所在位置	素材文件\项目十三\综合案例\橙子.psd、橙子汁.psd、图标.psd、易拉罐.jpg
效果所在位置	效果文件\项目十三\综合案例\鲜橙包装平面设计图.psd、鲜橙包装立体效果图

高清彩图

任务实施

了解包装设计的相关知识，并定位好包装的样式和风格后，即可开始制作。

微课视频

创建背景图像

（一）创建背景图像

首先选定背景颜色并添加参考线，具体操作如下。

（1）启动 Photoshop CS6，选择【文件】/【新建】菜单命令，打开"新建"对话框。

（2）在"名称"文本框中输入"鲜橙包装平面设计图"，在"宽度"文本框中输入"20"，在其后的下拉列表中选择"厘米"选项，在"高度"文本框中输入"12"，在其后的下拉列表中选择"厘米"，分辨率为"150 像素 / 英寸"，"颜色模式"为 8 位"RGB 颜色"，单击 确定 按钮，如图 13-4 所示。

（3）设置前景色为黄色（R247，G229，B129），按【Alt+Delete】组合键填充背景，如图 13-5 所示。

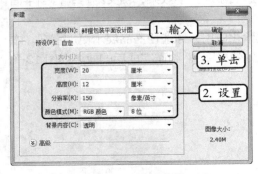

图 13-4　新建文件

图 13-5　填充背景

（4）选择【视图】/【新建参考线】菜单命令，打开"新建参考线"对话框，选中"垂直"单选项，在"位置"文本框中输入"6厘米"，单击 确定 按钮，如图13-6所示。

（5）使用同样的方法，在图像的14厘米处也新建一条参考线，如图13-7所示，添加参考线后的效果如图13-8所示。

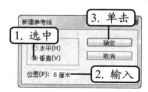

图 13-6　新建参考线

图 13-7　再次新建参考线

图 13-8　添加参考线效果

参考线的作用

　　参考线是浮在整个图像窗口中，但不被打印的直线。添加参考线有助于用户在绘图时，进行图像的对齐、移动和锁定等辅助操作。

（二）制作产品主图

　　背景颜色设定好之后，即可开始制作产品主图，具体操作如下。

微课视频

制作产品主图

（1）选择【文件】/【打开】菜单命令，在"打开"对话框中选择"橙子.psd"图像文件，使用"移动工具" ▶⊕ 将其拖入新建的图像中，如图13-9所示。

（2）打开"橙子汁.psd"图像文件，使用"移动工具" ▶⊕ 将其拖到图像下方，如图13-10所示。

图 13-9　将"橙子"图像拖入新建图像

图 13-10　将"橙子"图像拖入新建图像

（3）单击"图层"面板底部的"创建新图层"按钮 ，新建"图层2"，选择"椭圆选框工具" ，在图像中绘制椭圆选区，并填充橘黄色（R239，G128，B25），如图13-11所示。

（4）按【Ctrl+T】组合键，使图像周围出现定界框，旋转图像，确定后按【Enter】键，如图13-12所示。

图 13-11　绘制椭圆选区

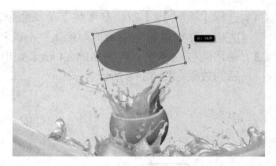

图 13-12　旋转图像

（5）按住【Ctrl】键单击"图层 2"，载入椭圆形选区，选择【选择】/【变换选区】菜单命令，适当缩小选区，并填充白色，如图 13-13 所示。

（6）适当移动选区，按【Delete】键删除选区内的图像，如图 13-14 所示，得到白色月牙图像效果。

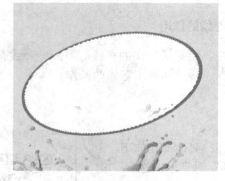

图 13-13　变换选区

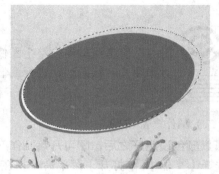

图 13-14　删除图像

（7）使用相同的方法，载入椭圆形选区，并填充淡橘黄色（R244，G158，B21），然后移动选区并按【Delete】键删除图像，得到另一个月牙图像，如图 13-15 所示。

（8）选择"横排文字工具" **T.**，在椭圆图像中输入中英文文字，在工具属性栏中设置字体为"方正卡通简体"，颜色为白色，文字效果如图 13-16 所示。

图 13-15　绘制另一个月牙图像

图 13-16　输入文字

（9）新建一个图层，选择钢笔工具在文字上方绘制一个扇形路径，按【Ctrl+Enter】组合键将路径转换为选区，并填充白色，如图 13-17 所示。

（10）复制图层，按【Ctrl+T】组合键，使图像周围出现定界框，略微缩小图像，选择【图层】/【图层样式】/【描边】菜单命令，打开"图层样式"对话框，设置描边颜色为橘黄色（R239，G128，B25），完成后单击 确定 按钮，如图 13-18 所示。

图 13-17　绘制扇形

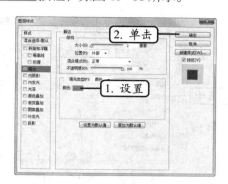

图 13-18　设置描边样式

（11）得到的描边效果如图 13-19 所示。

（12）选择"横排文字工具" T，在扇形中输入中英文文字，在工具属性栏中设置字体为"方正卡通简体"，颜色为橘黄色，效果如图 13-20 所示。

图 13-19　描边效果

图 13-20　输入文字

（13）再新建一个图层，选择"矩形选框工具" ，在椭圆图像下方绘制一个矩形选区，并填充橘黄色（R239，G128，B25），如图 13-21 所示。

（14）选择任意一个选框工具，将选区移动到右侧，如图 13-22 所示。

图 13-21　绘制矩形选区

图 13-22　移动选区

（15）选择【编辑】/【描边】菜单命令，打开"描边"对话框，设置"宽度"为"2 像素"，颜色为橘黄色（R239，G128，B25），"位置"为"内部"，如图 13-23 所示，单击按钮，得到描边效果。

（16）在其中输入文字，在工具属性栏中设置字体为"黑体"，并设置合适的颜色，图像效果
如图 13-24 所示。

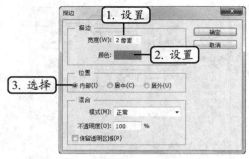

图 13-23 "描边"对话框

图 13-24 图像效果

（17）双击"缩放工具"，显示全部画面，得到产品主图效果，如图 13-25 所示。

图 13-25 产品主图效果

（三）添加包装文字信息

产品主图制作完成之后，接下来添加包装中的文字信息，具体操
作如下。

（1）选择横排文字工具，在画面右上方拖动鼠标，绘制文本框，输入
产品文字信息，如图 13-26 所示。

微课视频

添加包装文字信息

图 13-26 输入产品文字信息

（2）选择【窗口】/【字符】菜单命令，打开"字符"面板，选择段落文字，设置字体为"方正兰亭准黑简体"，大小为"7点"，行距为"11点"，字距为"10"，颜色为深灰色，如图13-27所示，得到的文字排列效果如图13-28所示。

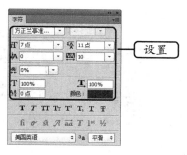

图13-27 "字符"面板　　　　　　　　　　图13-28 文字排列效果

（3）将光标插入第一行第四个字后方，向左拖动鼠标选择文字，在"字符"面板中设置字体为"方正兰亭粗黑简体"，效果如图13-29所示。

（4）使用同样的方法，分别选择每一行的前面几个文字，设置字体为"方正兰亭粗黑简体"，文字效果如图13-30所示。

图13-29 选择文字　　　　　　　　　　图13-30 文字效果

（5）继续在画面右侧输入文字，在"字符"面板中设置字体为"方正兰亭准黑简体"，参照如图13-31所示的方式排列。

（6）选择"矩形选框工具"，在文字中绘制两条细长的矩形选区，并填充深灰色，效果如图13-32所示。

图13-31 输入文字　　　　　　　　　　图13-32 绘制矩形选区

（7）打开"图标.psd"图像文件，使用移动工具将其拖入产品主图中，适当调整图像大小，放到文字下方，如图13-33所示。

（8）选择"横排文字工具" ，在画面左侧绘制文本框，并在其中输入文字，如图13-34所示。

图 13-33　添加"图标"图像

图 13-34　输入文字

（9）选择段落文字，在"字符"面板中设置字体为"黑体"，大小为"6点"，行距为"12点"，字距为"85"，颜色为深灰色，如图13-35所示，排列后的文字效果如图13-36所示。

图 13-35　设置字符样式

图 13-36　文字排列效果

（10）选择"矩形工具" ，在属性栏中选择工具模式为"形状"，设置填充为深灰色，然后在文字左右两侧分别绘制细长的矩形图形，如图13-37所示。

（11）继续在画面左侧输入其他文字，并参照图13-38所示的样式排列。

图 13-37　绘制矩形

图 13-38　输入文字

（12）选择"钢笔工具" ，在属性栏中选择工具模式为"形状"，设置填充为"无"，描边为深灰色，宽度为"2点"，在文字中绘制两条折线，效果如图13-39所示。

（13）双击"缩放工具" ，显示整个画面，完成包装平面设计图的制作，如图13-40所示。

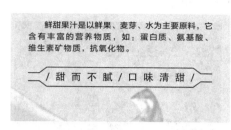

鲜甜果汁是以鲜果、麦芽、水为主要原料，它含有丰富的营养物质，如：蛋白质、氨基酸、维生素矿物质、抗氧化物。

/ 甜而不腻 / 口味清甜 /

图 13-39　绘制折线

图 13-40　包装平面设计图效果

（四）制作包装立体效果图

包装平面设计图已制作完成，下面制作包装立体效果图，具体操作如下。

（1）打开"易拉罐.jpg"图像文件，如图 13-41 所示。

微课视频

制作包装立体效果图

（2）选择包装平面设计图文件，按【Shift+Ctrl+Alt+E】组合键盖印图层，然后选择"矩形选框工具" ，在图像中间绘制一个矩形选区，按【Ctrl+C】组合键复制图像，如图 13-42 所示。

图 13-41　"易拉罐"图像

图 13-42　绘制选区并复制图像

（3）切换到"易拉罐"图像窗口，按【Ctrl+V】组合键粘贴图像，再按【Ctrl+T】组合键适当调整图像大小，使其与易拉罐大小一致，如图 13-43 所示。

（4）在"图层"面板中设置图层混合模式为"正片叠底"，得到的图像效果如图 13-44 所示。

图 13-43　调整图像大小

图 13-44　图像效果

（5）选择钢笔工具绘制中间易拉罐的外形路径，按【Ctrl+Enter】组合键将路径转换为选区，再为其添加图层蒙版，隐藏选区以外的图像，如图 13-45 所示。

（6）使用同样的方法复制包装平面图像，并移动到易拉罐中，调整图层混合模式，再添加图层蒙版，隐藏超出易拉罐外侧的图像，效果如图 13-46 所示。

图 13-45　添加图层蒙版

图 13-46　图像效果

（7）按住【Ctrl】键选择除背景图层以外的所有图层，按【Ctrl+J】组合键复制图层，再按【Ctrl+G】组合键得到图层组，如图 13-47 所示。

（8）选择【编辑】/【变换】/【垂直翻转】菜单命令，将翻转后的对象向下移动，降低图层组的不透明度为"30%"，然后添加图层蒙版，使用"画笔工具" ✎ 擦除部分超出投影以外的图像，如图 13-48 所示，得到投影的贴图效果。

图 13-47　图层组

图 13-48　制作投影

（9）选择【图层】/【新建调整图层】/【曲线】菜单命令，在打开的对话框中保持默认设置，在"属性"面板调整曲线，如图 13-49 所示，增加图像的亮度和对比度，效果如图 13-50 所示。

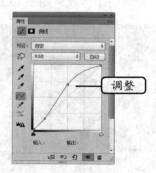

图 13-49　调整曲线

图 13-50　图像效果

实训一　制作"汽车广告"

【实训要求】

利用提供的"天空.jpg"和"汽车.jpg"图像，制作图 13-51 所示的汽车平面广告。通过本实训的操作，用户可以掌握新建与保存文档、编辑图像、设置文本、使用蒙版等操作。

【实训思路】

先处理"天空"图像，调整色阶并应用滤镜，然后对"汽车"图像应用蒙版，最后输入文字。

高清彩图

图 13-51　汽车广告

素材所在位置　素材文件 \ 项目十三 \ 实训一 \ 天空 .jpg、汽车 .jpg
效果所在位置　效果文件 \ 项目十三 \ 实训一 \ 汽车广告 .psd

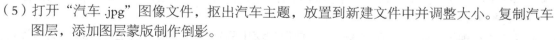

【步骤提示】

（1）新建文件并打开"天空.jpg"图像文件，调整图像大小、色阶、色相 / 饱和度。

（2）新建图层，选择"画笔工具" ，使用紫色在图像上半部分涂抹，然后径向模糊"图层 1"和"图层 2"。

（3）复制"图层 1"，垂直翻转复制的图层，并将其移至图像窗口下方。

（4）新建"图层 3"，以深蓝色涂抹该图层的下半部分。创建"色阶"调整图层，调整色阶。

微课视频

制作"汽车广告"

（5）打开"汽车.jpg"图像文件，抠出汽车主题，放置到新建文件中并调整大小。复制汽车图层，添加图层蒙版制作倒影。

（6）使用文字工具输入并设置文字。新建"图层 5"，按【Ctrl+A】组合键全选图像并设置该图层的描边，完成汽车广告的制作。

实训二　制作"房地产广告"

【实训要求】

设计制作一个房地产形象广告，图像效果如图 13-52 所示。通过本实训的操作，用户可以掌握图像绘制、图像编辑、文字设置等基本操作。

图 13-52　房地产广告

素材所在位置　素材文件\项目十三\实训二\卷轴图.jpg
效果所在位置　效果文件\项目十三\实训二\房地产广告.psd

【实训思路】

先绘制底色，然后绘制卷轴和卷轴上的图像，接着添加文字，并设置文字格式，突出主题。

【步骤提示】

（1）新建一个图像文件，使用渐变工具为背景图像做射线渐变填充，设置颜色为土黄色（R124，G87，B41）到浅黄色（R232，G224，B175）。

（2）新建一个图层，选择钢笔工具绘制卷轴的基本外形。使用渐变工具对其做渐变填充。

（3）选择画笔工具在卷轴中添加淡黄色和深黄色，让画轴更加具有立体感。

（4）选择【图层】/【图层样式】/【投影】菜单命令，打开"图层样式"对话框，为其添加黑色投影。

（5）打开"卷轴图"图像，放到卷轴中，使用加深工具对部分图像进行加深处理，然后设置该图层的混合模式为"正片叠底"。

（6）选择横排文字工具，在画面中输入文字，完成制作。

微课视频
制作"房地产广告"

常见疑难解析

问：设计平面广告时，颜色如何搭配才会更加美观？

答：色彩搭配的基本原则是根据广告主题确定主色调，然后选择 2 ~ 3 个辅助色进行搭配。切勿选择过多的颜色使广告过于花哨没有主次，同时注意保持主色调的主导地位，切勿过多使用辅助色，以免喧宾夺主。

问：制作一个平面广告一般需要多久？

答：一个成功的平面广告，往往在制作之前需要确定广告的对象，也就是接受群体，以及广告的形式等诸多方面，然后进行策划，规划好广告的制作及推广等，最后才开始收集素材着手制作。广告的类型、形式等不同，投入的时间也不同，小型平面广告可在两三个月内完成，创意型广告或者系列广告有时需要半年的时间。制作广告看似轻松，实则需要投入许多人力、物力等，制作一个好的平面广告绝非易事。

问：在平面设计中还需要注意哪些问题？

答：一幅好的设计作品，并不在于作品要展示多少元素，而是如何将各元素有机组合，给受众带来视觉上的享受。另外在设计广告时，要养成多建立图层，并给图层命名的习惯，以方便后期修改。设计时还需要注意颜色的使用，对于印刷出版的作品，在设计前还需要考虑色彩、图像大小、颜色模式、出血等多方面因素。

拓展知识

在平面构图过程中，为了让作品受到认可，在设计时应使构图符合以下原则。

● **和谐**：单独的一种颜色、一条线条不能称为和谐，几种要素具有基本的共性和融合性才称为和谐。和谐的组合也要保持部分的差异性，但当差异性表现强烈和显著时，和谐的格局就向对比的格局转化。

● **对比**：对比又称对照。把质或量反差甚大的两个要素成功地并列在一起，使人感受到鲜明强烈的感触而仍具有统一感的现象称为对比。它能使主题更加鲜明，作品更加活跃。

● **对称**：对称又名均齐。假定在某一图形的中央设一条垂直线，将图形划分为相等的左右两部分，其左右两部分的形量完全相等，这个图形就是左右对称的图形，这条垂直线称为对称轴。对称轴的方向如果由垂直转换成水平，图形就成上下对称。如垂直轴与水平轴交叉组合为四面对称，则两轴相交的点即为中心点，这种对称形式即称为"点对称"。

● **平衡**：平衡器两端承受的重量由一个支点支撑，当双方获得力学上的平衡状态时，称为平衡。在生活中，平衡是动态的特征，如人体运动、鸟的飞翔、兽的奔驰、风吹草动、流水激浪等都是平衡的形式。

● **比例**：比例是部分与部分或部分与整体之间的数量关系，是构成设计中一切单位大小，以及各单位间编排组合的重要因素。

课后练习

（1）利用提供的素材图像制作白酒画册，完成后的效果如图 13-53 所示。

图 13-53　白酒画册效果

素材所在位置　素材文件\项目十三\课后练习\1\
效果所在位置　效果文件\项目十三\课后练习\白酒
画册 1.psd、白酒画册 2.psd、白酒画册
3.psd、白酒画册 4.psd

高清彩图

（2）利用所学知识制作一个手提袋，完成后的立体效果如图 13-54 所示。

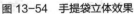

图 13-54　手提袋立体效果

高清彩图

效果所在位置　效果文件\项目十三\课后练习\手提袋立体.psd